中国茶の魅力を日本へ！そして世界へ！

異国に魅了された日本人が〝中国茶〟を次世代へと紡ぐ

大髙 勇気

カナリアコミュニケーションズ

はじめに

毎日に潤いを与えて続けてくれた中国茶

成人式を終えるまでは日本で普通の日本人として育ちました。２００２年異国の地、中国広州に降り立ち、右も左も分からないまま２００４年に起業。がむしゃらだったその頃の事が遙か昔に感じてしまうほど、中国の激動の時代と共に中国茶を取り扱わせて頂けた事に心から感謝しています。それからはや17年、偉大な中国の地で人としてあるべき姿や茶農家の純粋な心から多くの学びを得て今に至ります。

２００４年から中国茶の業界にどっぷりと浸かり、様々な茶農家の家で寝泊まりさせて頂きました。全ての産地で茶農家の方と共に中国茶作りを体験してきましたが、多くの産地で「初めて外人に会った」と言われ、「日本人も見た目は変わらないんだな！　でも、中国語は子供より話せないじゃないか（笑）」などと、大勢の方に暖かく可愛がってもらいました。

私達が当たり前だと思っている感覚は相手の当たり前でなかった事。中国茶の産地での技術の継承や製茶の難しさと楽しさなど私にはなかった数多くの視点から体得させて頂いた中国茶の生産事情がそこにはありました。

中国各地から茶農家を訪れるバイヤーの方々と共にテイスティングし、どの等級の茶葉をいくらぐらいで仕入れているかなどを自分の目で見てきました。普通のバイヤーは仕入れて食事をした後、仕事を終えてすぐに戻ってしまう方がほとんどです。私は茶農家に寝泊まりしているので、今日のバイヤーはこう感じた、こう思ったなど、彼から話を聞かせてもらう度に取引相手として見ているのか、ビジネスパートナーとして見ているか、中国茶業界の裏側の世界を教えて頂きました。

また、私は中国茶藝を教える学校を開いています。開校にあたっては、人間国宝と呼ばれた陳文華教授と共に作成したオリジナルテキストを使用し、中国茶学校にて中国茶や薬膳茶を教えさせて頂き11年目となりました。

中国内では国家試験の確立や整理など浮き沈みのある中で、中国茶藝の立ち位置や社会的役割が大きく変化しています。その変化に揉まれながら学校運営をさせて頂き、公認講師260名を超える講師の方々と共に中国茶の普及活動を積み重ねる中で見えてきた中国茶藝の現状があります。

日本経済新聞の記事にて「築地で中国人がすし店を経営するようなものだと言われる」と紹介して頂きましたが、外人が現地の文化を現地の言葉で学び、教えさせて頂くためには中途半端な努力では到底実現できません。その難しい挑戦を支えてくれ、共に頑張ってくれた社員達との思い出も私にとってかけがえのない宝物です。

夢だけで人は生活出来ませんが、夢は人を光り輝かせてくれる大切なものだと思います。完璧な人はいないと思いますが、完璧に向かう努力は必要だと思います。夢を追い続け、夢に挑戦し続け、完璧を追い求めながら走り続けた17年をここに綴りました。何か一つでも読者の方に気付きが得られたら幸いです。

――葉にお湯を注ぐ。

ただこれだけの動作で創り出され、何千年の歴史に証明されたお茶の世界。

コミュニケーションがＳＮＳ化し、対面での話をする時間が少なくなる現代で、お互いの思いが伝わらず、枯渇化してしまいがちな大切な心がたくさんあります。

何千年と培われた中国茶のパワーで大切な心が潤い、円滑なコミュニケーションが出来るようになる事を心から願っております。

1章

愛すべき『中国茶』との出会い

15歳に上海で中国茶と出会う

ぼくが中国茶と出会ったのは、忘れもしない15歳の時のことです。家族旅行で上海・蘇州のパッケージツアーに参加することになりました。

初日に上海に到着したのですが、夜遅かったのでホテルの後ろにあったレストランへ行くことにしました。もうお腹がぺこぺこでメニューに飛びついたのですが、当然全部中国語です。めくってもめくっても分からなかったのですが、唯一「○○○飯」と、見慣れた漢字が目についたメニューがありました。ぼくたちは5人家族なので、ちょうど5種類その料理を各一品ずつ注文しました。すると店員が驚いた顔をして何やら話してくるのですが、よく聞き取れないうえに家族全員飢えていたので、とにかく持ってきてくれと言いました。

次にその店員が奥から出てきたときには驚くほど大盛りのチャーハンを手にしていました。きちんと5種類テーブルに並べると「言わんこっちゃない…」みたいな表情をしています。そうなんです。パーティー料理の締めに食べるためのチャーハンの大皿料理を5つ

中国茶の豊かな味わいを知った少年期

も注文してしまったのです。料理はとてもおいしかったのですが、いかんせん量が多すぎました。結局とてもたくさん残してしまい、日本語で「ごめんなさい、ごめんなさい」と言いながらお店を後にしましたが、店員も家族みんなで頑張って食べている姿が面白かったのか、最後には笑顔で送り出してくれました。

ちょっと苦い思い出からはじまった初めての中国旅行の次の日、上海の有名な観光地である豫園にあるお店で小籠包と中国茶を楽しみました。その時に初めて中国でお茶を飲んだのですが、当時のぼくにでもわかるほどのおいしさと、今までに感じたことがない香りと味わいに驚きました。

そこで飲んだのは「ジャスミン茶」と「烏龍茶」です。ジャスミン茶は非常に甘みが強くて味わいもしっかりあり、香りもまさにジャスミンの花を思い浮かべるようなものでした。烏龍茶は日本でも人気だったので、よく飲んでいましたが、とても色が濃いお茶だというイメージがありました。しかし、中国で出てきた烏龍茶は色が薄く、その代わりに香りと旨味が別の飲み物かと思うぐらいしっかりしていたのを思い出します。そうなんです。今思えば、ぼくはこの時に飲んだふたつのお茶に魅せられていたのです。

当時は横浜に住んでいたのですが、父の会社は毎年中華街で忘年会をするのが恒例でした。そんな関係もあったので、中華料理とはとても縁があり、当時から中華街でお茶を買ったりはしていました。しかし、そこで味わっていた様々なお茶と、上海で飲んだお茶はまるで別物でした。

中国旅行が終わる時にジャスミン茶と烏龍茶をお土産に買って帰りました。しばらくは、毎日おいしいお茶を楽しんでいましたが、しばらくするとなくなりました。「中華街に行ってよく探せばあるのかな？」と思って、何度か足を運びましたが、結局上海で体験したおいしいお茶とは会えずじまいでした。子供心に「中華街で売っているお茶と中国で売ってるお茶はそれだけ違うんだ」と感じていました。

次に中国へ行ったのはそれから2年後のことです。父親の会社に務めていた中国人王さんが実家に帰省するという話を聞きました。ちょうど夏休みだったので、ぼくはそれに着いていきたくて、父と王さんにお願いしました。

その願いは意外なほどあっさり受け入れられ、17歳の夏休みに今度はホームステイという形で中国へ行けることになったのです。

向かう場所は福建省で、期間は2週間。王さんの実家にホームステイさせていただくことになったのです。当然中国語は話せませんが、辞書を片手に身振り手振りも交えてなんとかしのぎました。

この時はお茶を求めてというよりは、家族旅行で訪れた中国へもう一度行ってみたいという純粋な思いが強かったです。ホームステイ期間はとても楽しく、王さんとその家族にもいろいろな所へ連れて行ってもらえたので、ますます中国が好きになりました。

また、このときのホームステイでは、以前に上海で飲んだお茶よりも美味しいお茶に出会う事が出来ました。何より、お茶の種類が豊富で、等級もたくさんある事をこの時に知りました。その事が刺激となり、たくさんのお茶を買い漁り、スーツケース一杯にお茶を買って帰りました。

お茶の勉強にもなりましたが、中国人たちのやさしさや思いやりにふれ、中国は良い人達ばかりなんだと再認識できたホームステイでしたね。

その後は進路を考えるようになりました。ぼくは高校卒業後、料理人になりたくて調理師専門学校に行くことにしました。専攻はもちろん中華料理です。その専門学校の中華料理コースには、本場北京での研究視察旅行がありました。これを目当てに入ったわけではありませんが、もちろん参加しました。当時、中国に何度も行った経験のある若者はほとんどいなかったので、ぼくはとても頼りにされました。滞在期間はとても短かったのですが、北京での研修は調理師の修行としてはとても大きな成果だったと思います。

そして調理師学校を卒業した年の夏、ぼくは中国の広州へ行くことに決めました。決め手になったのは料理の勉強をしていくうちに「飲茶」にとても興味が沸いたという理由があります。日本でもお馴染みになっていますが、飲茶は点心とお茶が融合した食文化のことです。専門学校の研修でも、高輪プリンスホテルや赤坂のホテルオークラで修行させていただきましたが、やはりどうしても中国の本場で点心を勉強したいという思いがありました。

また、将来は飲茶のお店を持ちたいと思っていたので、必然的に料理だけでなくお茶の知識も必要です。そのお茶に関しては15歳のときに飲んだ中国茶の感動が忘れられず、どうしても中国で勉強したいという思いがあったのです。

調理師学校の先生に進路相談をした時、「中国では何があるか分からない」と言われました。調理師専門学校ですから国内のあらゆる飲食業者から求人がきます。先生はあてのない中国で一から修行し直すよりも、安全な日本でゆっくり覚えればいい。そんな気遣いをしてくれたのだと思います。

しかし、ぼくはその時「何があるかわからないから行きたいんです」と応えました。実際に簡単に道筋が見える道なんて行く価値はないと本気で思っていました。ちょっとアマノジャクかもしれませんが、ここまでの短い人生の中でも自分の目で見て、鼻で、口で感じることがすごく大切だと思っていたのです。これまで何度か訪れた中国でも貴重な体験を山ほどしてきました。「確かにつらいこともあったけど、得たもののほうがたくさんあった」そういうふうに思う人間でした。

こうなるともう止まりません。以前は家族や知人に連れて行ってもらった中国ですが、今回は単身で広州に向かいます。

中国生活がスタート

中国に着いたぼくは、はじめに広州の中山大学へ通うことにしました。ここは中国の国父と呼ばれる孫文が作った大学で、留学生として中国語を勉強することにしたのです。中国で生活していくには中国語を完全にマスターする必要があります。まずはきちんとした教育を受けて、土台を作ろうという考えです。

学校へはほぼ毎日通っていましたが、広州には中国でも最大規模のお茶市場があるので授業のない日はそこへ行っていろんなことを調べました。

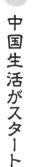

そんな生活を続けて半年、授業が終わりある程度中国語が喋れるようになりました。そこで今度は実際に料理を学ぶ前に現地の調理師学校に1ヶ月半ほど通いました。この調理師学校では料理の専門用語を学ばせてもらい、カリキュラム終了後はいよいよ広州三大園林酒家の一つ「南園酒家」で実習するときがやってきました。

ここでは料理人仲間、支配人、フロアマスター他、色々な方のお世話になりながら、点心を実際に作っていきました。たくさんのことを学ばせていただいていたのですが、勤めて間もない1ヶ月後、突然、南園酒家は倒産してしまったのです。そのことを全従業員は知らされておらず、いきなり散り散りにさせられてしまいました。とても残念で仕方ないのですが、ここでお世話になった人達が、結局どうなってしまったのかわからない状態になってしまったのです。

茶畑の現場で学ぶ決意

働く場所がいきなりなくなってしまったのですが、じっとしているわけにもいきません。次の日からお茶市場に通いはじめ、毎日価格などの市場調査をしてみることにしました。

将来お茶を仕入れるのにどの店のお茶を取り扱うかを決めたいと思っていたというのが理由ですが、半年ぐらい調べているうちに、あそこの店は全体的に価格が安い、あっちの店だと紅茶が安い、こっちのお店は緑茶の高級品を取り扱っているなどあらゆる情報が見えてくるようになりました。

市場の人たちはそれに気づき、ぼくを見つけると「これを探しているんだけど、知らな

広州にある中国最大級のお茶市場

いか？」と頻繁に話かけられるようになりました。以降も、お茶を飲んでレポートを書いて飲んで書いてという日々をずっと送っていました。

仲買の仲介みたいなことや、自分でも少しずつお茶を販売するようになってきた頃、中国最大のお茶市場で毎日様々なお茶を味わっていたにも関わらず、今まで飲んだことのないお茶と出会いました。

「安渓鉄観音の品評会用茶葉」というものですが、「どんな作り方をしたらこの味になるのか？」と衝撃を受けるほどの香りと味わいだったのです。ぼくは興奮してこのお茶を取り扱っていた店主にどこで採れる茶葉なのか？　どうやって作っているの

中国奥地へ行くには何度もバスを乗り継ぎ悪路を越えていく

か？　と矢継ぎ早に質問しました。

　それまでお茶は味わってレポートにまとめてという対象でしかないと思っていたのですが、このお茶のおかげで、お茶を飲むという行為はお茶の世界の最終段階であり、それ以前にもっと長いプロセスがあることを知らされたのです。

　店主から情報を聞いたぼくは、これはもう行くしかないと決めました。熱意に押されたのか、店主は原産地の茶農家の知り合いを紹介してくれました。

　そこはすごい遠いところにあり、当時は高速鉄道網もありませんから、広州からバスに乗って12時間かけて周辺の衛星都市に行き、さらに小さいバスに乗り換えて6時間かけてその村にようやくたどり着くのです。

ところがこのとき、車中でうっかり眠り込んでしまったぼくは村に行く途中にスリにあってしまいました。村についた時には一文無しです。あてもないのですが、体だけは無事だったので紹介してもらった茶農家に行きました。

「お茶の作り方を学びたい。ぜひ手伝わせて欲しい」。そうお願いしたのですが、茶農家は「日本人には無理だ。見学して帰れ」と言われてしまいました。何度お願いしても無理だの一点張りで取り合ってくれません。ですが、茶農家の方は無一文になったぼくに帰りの旅費を貸してくれ、なんとか帰路に就くことだけはできました。

意気消沈のぼくでしたが、中国茶の深淵を少しだけ覗いたこともあり、今度はどうやったらあのおいしいお茶を淹れられるのか研究を始めました。衝撃を受けたあの茶葉を売ってもらい、温度と香りの立ち方の関係性や味わいの変化などあらゆることを調べました。

1年ぐらい研究を続けた結果、自分なりに納得がいくお茶の淹れ方が見えてきました。ちょうどそのころは新茶のシーズンが始まっていたので、ぼくは借りたお金を返す意味もあったので、もう一度あの茶農家に会いに行くことに決めました。

今度はスリに会わないよう気を付けながら旅程をこなし、無事に茶農家へ到着。旦那さんは相変わらずの仏頂面でぼくを受け入れます。お茶の話をしながらぼくは「一杯だけでいいですから、ぼくが淹れたお茶を飲んでみてもらえませんか？」といいました。無言で茶器を用意する旦那さん。ぼくはお湯を沸かしながら、渡された茶葉をよく観察します。これぐらいの乾燥度なら、温度は高め、茶葉が開くまでは何分でとシミュレーションします。そして一杯のお茶を湯飲みに注ぎ、旦那さんに手渡しました。

「うまい」そう一言だけ言い放つと、ぼくのほうへ向き直り、こう言いました。「オオタカ、お前はお茶づくりを学びたいといったな。よし、これから教えてやるから、しばらくは家に寝泊まりしろ」。ぼくは喜んで飛び上がりました。

この出来事からぼくの人生は一変します。飲茶の店を持ちたいという考えから、点心とセットで中国茶の知識も得ようという考えから、中国茶の世界の懐深くまで飛び込んだのです。そしてそれはいつ終わるか見えないはるかな深淵の中にあります。しかし、茶農家の元でお茶づくりを学べるようになり、その第一歩は踏み出すことができました。ここから、ぼくの中国茶人生が始まったのです。

手間を惜しまないのが中国人

中国茶を飲む作法には一連の流れがあります。その流れの中には様々なプロセスがありますが、日本人からみるとても勿体ないと思うような工程も存在しています。

例えばお茶の世界では、香りを感じてもらうために熱いお湯を注いで短時間で茶葉を温めることがあります。これはお茶の成分を抽出するものではなく、香りを引き出すためにするので、そのお湯は捨ててしまいます。そして、さらにお湯を注いで、今度はややじっくりと成分を抽出することで、より香りが立つようになり、味わいも深くすることができるのです。

しかし、日本の感覚でいくとその一煎目のお湯を捨てるというのはとても勿体ないことのように映ります。日本茶や煎茶にはない工程ですから、理解が及ばないのです。

ただし、中国茶を理解できるようになると、これは良いお茶を振舞いたいという思いの表れであり、手間を惜しまず複雑な工程を選んでいるのだとわかってくるようになります。

ぼくはその手間を惜しまないということがすごく大切だと思いますし、良いものを作るにはそれなりの対価が必要で、そのための工夫なんだと考えています。例えば日本料理の場合は料理の見栄えをよくするために野菜を様々な形に切ります。「飾り切り」などと表現されますが、人参やキュウリを梅の形やほかのものに見立てて切る技です。

中華料理にもあるテクニックですが、良い料理を振舞いたいという思いから、あるものを無駄にしてでも工夫を凝らすという先人の知恵です。普通に輪切りにすればにんじんを余すことなく食べられますが、あえて一部を捨てることでより料理が美味しくなる。

一見、無駄ですし、勿体ないということもあります。しかし、それはお茶の淹れ手や料理人が作ろうとしている一つの世界観だとぼくは思っています。

中国茶もお茶をベストな状態でお客様に飲んでいただくために工夫をしているのです。それが中国式のおもてなしを表現するのにとても大事な要素になっていると思います。たかが一杯のお茶ですが、されど一杯のお茶です。茶農家の努力や淹れ手の工夫と技術など、たくさんのものが小さな湯飲みの中に込められているのです。ですから、できればお茶を飲むときは、飲み手となるみなさまもそれを感じていただけると良いと思います。思いやりが幸せの連鎖を生む。一杯のお茶をめぐる物語の中には、確実にみなさんも含まれているのですから。

中国茶は色づくり

ぼくはこれまで何百万回とお茶を淹れています。そして同じ数だけお茶を飲んでいます。そんなぼくが思うことは、お茶を淹れるという行為には、必ず飲み手が必要だという点です。

お茶にとても詳しく、ぼくらが言わないでも種類が分かるほど精通している方。知識はなくても、香りを十二分に楽しむことができ、満足して微笑んでいる方。味覚が優れていて、甘味や酸味を上手に感じながら味わいを感じている方。本当に様々なタイプの飲み手の方がいらっしゃいます。

淹れ手は飲み手の方がくつろげるように世界観を作りだすことが大事だとぼくは考えています。例えば「このお茶はこういう品種で、こんな歴史背景があるんです。今年はとくによくできたと茶農家の方も喜んでいました」など、話題を添えてあげるのも世界観の一つだと思います。

逆にこの世界観を飲み手がキャッチしてあげるのも大切だと思います。例えばそれは淹れ手が作り出すお茶の色にも出ています。

お茶には色がついていますが、ぼくらはその色を見れば美味しく淹れられているのかはもちろん、味が濃すぎる、薄すぎる、これでは香りが立っていないというところまで見抜けるものなのです。

そのお茶の色を見れば、淹れ手が今日までどんな経験や訓練をして知識をどれだけ持っているかが分かります。ですから、お茶の色は一つの世界観の集大成として表現されるものだと思うのです。

もちろん、飲み手はそこまで深く踏み込まずとも、こんな色のときは美味しいというのを覚えるようにすると淹れ手が作ろうとしている世界観を知るきっかけがつかみやすくなるはずです。

ぼくの中ではお茶を淹れるごとにする色作りに対して真剣勝負で挑んでいます。例えばお寿司屋さんがお寿司を握るというのも真剣勝負です。メニューのないお寿司屋さんでは、お客様はお任せで美味しいお寿司が来るのを待っています。

お寿司屋さんは早朝に市場へ行き、そこで見た最高の素材を仕入れてきます。言葉は悪いかも知れませんが寿司屋さんとしては、「黙ってこれを食え」と自信を持ってお客様に振舞おうとしているはずです。

そして、お客様もお寿司屋さんが仕入れているのは極上のネタで、握る技術も最高峰だと知っています。これは日本料理の中の握り手と食べ手が作り出している世界観の共有です。この世界観にも通ずる部分が中国茶の世界にもあるんじゃないかなとぼくは思っているのです。

もしかしたら、それが難しいと思うかたもいるかもしれません。でもその分楽しいのです。魂を込めて握るお寿司が美味しいように、精一杯のおもてなしの気持ちを込めた中国茶も美味しいものなのです。みなさんもぜひ、淹れ手とご自身が奏でる世界観の中で、中国茶の香りに満ちた至福のひと時を過ごせていただければと思っています。

幸せを感じ、心が癒される時間

みなさんにとって好きな時間はありますか？　例えば読書が好きとか、音楽を聴くのが好きとか、映画を見るのが好きとか、その趣味を楽しんでる時間というのは自分の中ではすごく幸せなひとときだと感じるはずです。

ぼくはそこにもう一つのエッセンスを加えられるのが中国茶だと思っています。中国茶というのは様々な香りや味わい、後味があります。逆にいうと自分が好きだと思える味が必ず見つかるのが中国茶の世界なのです。自分が好きだと思えるお茶が、楽しいひとときを過ごしているときの傍らにあったなら、それはとても幸せな瞬間だと思いませんか？

ぼくは読書が好きです。本を読んでいるときはすごく満足感がありますし、とても幸せな気分になります。でも、そこに今の気分で一番飲みたいと思ったお茶を淹れるようにしています。すると、その満足感は2倍とか3倍に膨らんでくれるのです。

中国茶は、いつもより幸せを感じやすくしてくれる存在なんじゃないかと思っています。中国茶があることで、いつもより心が癒されるようなひとときが演出できるのだと考えます。茶藝を教えているぼくが言うのもなんですが、プライベートなひとときですから、堅苦しい所作など必要ありません。お湯とカップとティーバッグに入った中国茶があればよいのです。中国茶を満たしたカップを隣に置いて自分の好きなことをする。それだけで、とても満足感の高い時間が過ごせると思います。

お茶が持つ味わいや香りは自分の神経を整えるという働きがあります。イライラしているときにお茶を飲むと落ち着くのはそのためです。ほかに落ち着く方法だと、よく「呼吸を数えろ」などといいますが、お茶を飲むことによって呼吸が静まるのかも知れません。中国茶にはそんな魅力もあるのだと思います。

茶器の違いで楽しみ方が変わる

中国茶を淹れる茶器には大きく三種類のタイプがあります。中でも「紫砂壺（ズシャフゥ）」というのは淹れ方が難しいといわれている茶器で、逆に美味しいお茶が淹れやすいのも紫砂壺なのです。使う茶器によって表現できるものが違うというのも中国茶の面白いところです。

ぼくも味わいや香りをより楽しんでもらおうというときは紫砂壺を使います。そしてやはりほかの茶器で淹れるより評判は良い傾向があります。

茶器の違いのほかにも、使うお湯の温度の加減も難しいです。基本的には温度が高いほど淹れるのが難しくなり、温度が低いほうが簡単になります。なぜかと言うと茶葉から旨

紫砂壺でお茶を淹れる

味成分がでる時間は温度が高いほど時間は短く、温度が低いほど長いからです。しかし、香りは温度が高いほど出やすくなりますから、慣れるほど高温で淹れるようになります。

お茶の味はうそをつきません。必ず茶葉の持っている素材の本当の味しか出せません。例えば、お茶を淹れながらお茶の知識を披露するという話をしましたが、そこでそのお茶とは少し違う説明をしても、飲み手は「そういうものか」と思い込んで正しい味の区別がつかなくなることがあるのです。ある意味マインドコントロールのようなものですが、知識を入れることによって思い込みを誘発することは実際にあるのです。

ここで中国茶の正しい淹れ方について少しだけ紹介したのも、みなさまがサングラスをかけたような状態で中国茶を見てほしくないからです。みなさまには先入観を取り払って自分の感覚を大切に、お茶を飲んで頂きたいと思っています。

そのお茶を口に含んだ時の温度や、お茶の味の濃さなど、香りの出方というのでぼくたちはお茶を評価しています。ですから、どんなに良いことを言われたとしてもお茶というのは嘘をつけないのでそれなりの評価になります。まずはそれをしっかりと知っていただき、茶器や温度が変わることによって、お茶の表情も変化する様子を楽しんで欲しいのです。

お茶を淹れるという人を茶藝師と言いますが、お客様から、「このお茶を淹れてくださぃ」とリクエストされることが多いですね。リクエストされればノーとは言えません。その時点ではどんなお茶かわかりませんが、目で見て観察し、ある程度分析してからどのように淹れたら美味しくなるかを考えます。あとはそれを使ってお茶を淹れます。これを「泡茶（パォチャ）」と呼びますが、そうやって創り出す世界も中国茶の中にはあります。

ですから、茶藝師は茶器を選び、お湯の温度を決め、お茶の葉をもらい、それでいてべストのお茶を毎回表現していることになります。幾万通りあるかわからない組み合わせがありますが、その中からもっとも最適と思われるお茶の淹れ方を導き出します。飲み手のみなさまも、それを感じ取れるようになるとさらに興味を持って中国茶を飲むことができると思います。難しく思えるかも知れませんが、それを楽しめるようになると、中国茶の魅力がまた一段と深くなるはずです。

泡茶

2章

人生を教えてくれた農家の方々の言葉

決めつけてしまいたがる心理

人は何かの作業を繰り返していると、一連の流れを「型」として捉えようとします。ベルトコンベアに部品が流れてそれを指示通りに組み上げていくライン製造などはその代表といえます。

なぜ、「型」にはめたものづくりをするか。そのほうが作業効率もよく、誰でも簡単に目的のものを作ることができますし、技術の伝達も容易だからです。あなたが明日からその作業をすることになっても、数や精度はともかく、目的のものは作れるはずです。それほど、型に合わせた作業は効率的でものづくりに向いているのです。

これはなにも工業に限った話ではなく、農業にも言えることです。もちろん、お茶づくりも例外ではなく、型にはめた作り方をしたいと考える人も大勢います。

しかし、実際にはお茶づくりは自然界の影響を必ず受けるので、工場でパーツを組むようにはいきません。つまりマニュアル通りにはいかないのがこの仕事の難しさなのです。

先祖代々、自然と向き合って生きてきた農家の人々はその難しさを受け入れる術を知っています。なので、試行錯誤はあるとしても、決してお茶づくりを一つの型にはめることはしません。

お茶づくりは季節ごとの雨量や日照量、土の状態など、様々な要素が絡み合って進んでいきます。例えば毎年5月1日に摘み取りを開始したとしても、前年のお茶の葉と違うものが収穫されます。もちろん、来年も同じではないはずです。逆の言い方をすれば、同じ条件のお茶の葉が取れることの方が圧倒的に少ないのが自然相手に作業をするお茶づくりの実際なのです。

大切なのは条件が違うことを知り、受け入れたうえで、その日摘んだお茶の葉を、いつも通りの「ベストな状態のお茶」になるよう工夫をすることなのです。

例えば、あるお茶をつくるのに5つの工程があるとします。その日取れたお茶の葉は、昨日のものと比べて水分含有量も、香り成分も違いますし、お茶づくりをする現場の気温も湿度も違います。ですから、最初の工程が「乾燥」だとすると、乾かす時間もお茶の葉の並べ方も毎回変わるのです。

また、最初の工程だけでお茶の良し悪しが決まるわけではありません。例えば、1番目の工程で完璧を目指せなくても、2～5番の工程で補完する柔軟性も必要なのです。1番目の工程が92点だったら、2番目で106点、3番目で102点を取ればベストの状態に近づけられます。

茶師は俯瞰でお茶づくりを捉え、最終的により良いお茶になるよう、意識的に作り方を調整しているのです。これは自然を相手にする仕事だからこそ培われてきた柔軟性のある考え方だといえるでしょう。

農家の方々にとっては収穫する毎日が挑戦なのです。昨年上手くいった作り方が今年も通用するとは思っていませんから、お茶づくりを型にはめようとしてもそれはリスクにしかならないばかりか、型から出られなくなる、すなわちお茶づくりの進化を妨げるものだと彼らは感じているのです。

お茶づくりの農家の方々とは違い、ぼくたちは天候すら思い通りになると勘違いしてしまうことも多いと思いませんか？　暑い日が続けば「明日は曇りだと過ごしやすいのに」と願うこともありますし、空気が乾燥した時期だと「雨が降ればいいのに」と考えてしまいます。

しかし、彼らお茶づくり農家の方々はコントロールできない部分を無理にコントロールせず、与えられた条件の中で育ったお茶の葉を「ベストな状態に仕上げる」ことを心掛け

お茶工場で働く人々

て生活しているのです。

このベストな状態を志す気持ちに触れたときの衝撃は今でもぼくの心に深く残っています。そして、言葉では簡単ですが、実際に商品を作る仕事の現場はまさに「戦い」と呼ぶにふさわしい様相です。

なぜなら、お茶の中でも最高級とされる「春茶」のシーズンは決まっていて、短い地域で20日、長いところでも40日がせいぜいです。さらにお茶の世界でいう緑茶に仕上げるには、摘んでから24時間以内に商品化しなければなりません。ですから、このシーズンの作業場は寝ることも惜しんでお茶づくりに没頭する茶師で一杯になります。もし、24時間以内にお茶が作れなかったら、それはどんなに高級な葉であろうとお茶ではなく「草」と呼ばれてしまうのです。

一連の作業に掛かる時間はもちろん、摘み取りに必要な時間なども含めて24時間以内に生産量を計算しながら、春茶は作られていきます。その背景には、自然を受け入れ、決して型にはまろうとはせず、柔軟にそしてお茶の葉をベストな状態にするための試行錯誤を止めない農家の方々や茶師が居ることを忘れないでいてください。

お互いがプロでなければ磨かれない

ぼくたちお茶のバイヤーとお茶農家は常に真剣勝負をしています。始めてお会いするお茶農家を訪ねた場合、彼らは最初にお茶を出してきます。彼らが淹れたお茶をバイヤーが飲み、そのお茶について話始めるというのが最初の儀式のようなものなのです。

最初に出されるお茶はほとんどの場合、いわゆる高級茶葉ではなく、量産タイプのものです。それでもバイヤーは、それが作られた年代や相場、そのお茶の香りの特長や欠点などを見抜けないといけません。

実はこの最初の段階で農家が認めてくれなければ、以後の取引は残念なものになる可能性が高くなります。つまりバイヤーとして「大したことが無い」と思われてしまい、その時点で勝負は決まってしまうのです。簡単にいうと農家にとってお茶への理解が浅いバイヤーは「カモ」なのです。そうなってしまうと、以降取引できたとしても、品質が劣る商品を高値で売ろうとしてくることさえあります。

逆のパターンはどうでしょう。農家が出してきたお茶の特長を捉え、きちんと評価できると、彼らは「この人に嘘はつけない」と考えるようになります。うまくいけば、その場で最上級のお茶を淹れなおしてくれることだってあるぐらいです。

彼らが見ているのは、そのバイヤーが本質的にお茶を理解しているのかという点だけではありません。力のあるバイヤーの後ろには、味の違いが分かる消費者が多くいる可能性が高いため、真剣にバイヤーの実力を計ろうとするのです。

バイヤーに力が無ければ、その先に良質のお茶を求める消費者はおらず、良いものを送る必要もないと判断します。だから、高級茶葉は渡さず、量産品ばかりを売ってくるのです。

また、バイヤーには良い商品を正しく魅力的に消費者に伝える能力も必要です。お茶の知識を分かりやすく説明できるかという点もそうですが、例えば、お茶の魅力を伝えるために複数のお茶をテイスティングして香りの違いを感じさせるなどの、いわゆるお客を育てる力も必要となります。そうした能力もお茶農家はしっかり見ています。

一見、にこやかに商談しているように見えても、バイヤーとお茶農家の関係は常に真剣勝負です。お互いに本気で良い商品を求めますし、そうしたものを消費者に届けたいと願っているからです。お茶農家にとっても、良いバイヤーと組むことができれば、お茶のことを理解してもらえるうえに、良い価格で引き取ってくれるビジネスでのゴールが見えてきます。

ですから、先ほどはあえて例にしましたが、お茶農家が求めているのはぼったくる先ではなく、自分たちが作った良い商品を託すことができるのか、良質のお茶を理解してくれる消費者にきちんと届けてくれるのかを考えているのです。

これはバイヤーの年齢や資本力に関係するものではありません。例えばどんなにお金持ちで多くの消費者を持っているバイヤーでも、お茶の良さを知らないと判断されれば最上級のお茶を彼に渡すことはありません。そんなバイヤーも中国には大勢いるのが実情なのです。

お茶農家もバイヤーもお互いがプロでなければなりませんし、良いものを作る、あるいは良いものを作りたいという気持ちがなければ、お互いに磨き合うことができません。常に能力を高め、よりよい商品を良い消費者に届ける気持ちが大切になります。

人の器によって受け入れるものは違う

先ほど、お茶農家はバイヤーの能力を見ていると言いましたが、それだけがすべてではありません。バイヤーの人としての器、あるいは自分との相性もよく観察しています。バイヤーが決まれば、時には数十年先まで取引する可能性があるのですから、これは当然です。

もちろん、単純にビジネス的な付き合い方しかしないというケースもありますが、それはいくら利益を出せるかという点だけが焦点になります。お茶農家も人間ですから、ビジネスだけ考えているわけではないので、バイヤーにそれ以上のものを求めることもあるのです。

先ほども触れたように、バイヤーの先にいる消費者をお茶農家はよく見ています。このバイヤーが抱えている消費者をもっと分かりやすくいうとファンのような存在になります。バイヤーにはどれぐらいのファンがいて、どれだけ育っているのか、良いお茶と出会えているのかといった点にお茶農家は興味を持ちます。

良い商品をたくさん持っているバイヤーのファンはそれだけ良いお茶を日常的に飲んでいます。人間の舌は、良い素材と出会うことで磨かれていきます。そして、一度良い素材を知ってしまうと、それ以下のもので満足できなくなるのです。お茶農家は、味の違いを理解するファンに自慢のお茶を飲んで欲しいのです。

もちろん、すべてのバイヤーのファンがそうであるとは限りません。いま、良質のお茶を求めているファンも昔は普通のお茶で十分満足していたはずです。バイヤーが育っていくのに従い、ファンにも良質のお茶が広がりやすくなります。結果的にバイヤーはファンを育てる役を担っており、そこには「あのバイヤーはいつも良質のお茶を手に入れている」というイメージを持たせ、その器によってバイヤーもまた磨かれていきます。お茶農家はそうした将来性も見ようとしているのです。

「ダイヤモンドはダイヤモンドでしか磨けない」。あるいは、「人は人で磨かれる」。世に言われる通説ですが、それはバイヤーとファンの間にもこれは当てはまります。お茶農家の大半はバイヤーとファンの切磋琢磨を見ています。その度量や器によって、良い商品の取引に影響があることも事実なのです。

人を動かすには心から

お金を積んでも買えないものは世の中にたくさんあります。お金があることと、良いお茶を仕入ることとは別問題なのです。良いお茶を手に入れるには、お茶を理解する能力、バイヤーとしての器などが必要で、お茶農家はそれを確実に見ているということはこれまで説明してきた通りです。お茶農家に最上級のお茶を譲ってもよいと思ってもらうには、最終的に「心」が重要になってきます。

バイヤーは自分のことを認めてもらえていると確信できたときから、お茶農家への本当のアプローチを始めます。この時によくある売り文句といえば、持っている店舗の数や規模や、抱えている消費者の質や量などを自慢するように話すことが多いようです。

しかし、ぼくにとってそれは最後に伝える情報になります。お茶農家に知って欲しいのは、現在の自分だけでなく、5年後、10年後のビジョンなのです。「今はこういう人たちにお茶を売っている。5年後にはこういう人たちに届けるようになり、10年後にはもっと良いお茶を仕入れて、こんな人たちに売っていきたい」というような、具体的な夢を語るのです。

今できることは全力でやりますし、将来やりたいことにも思いは当然あります。お茶農家たちとビジョンを共有していく中で、彼らにお茶づくりのプロとして、ぼくの消費者が求めるお茶を作ってあげたいと思ってもらうことが大切だと考えています。

世の中のニーズは常に変化します。「去年は味がまろやかなものが特によく売れた」、「最近の若い世代には香りが強いものが好まれる」等の市場の情報も共有するようにしています。現在の状況をお互いに把握することで、より共感が確信へ変わると信じているからです。

そういった話をするのは、例えば来年は香りの強いお茶が良く売れると確信できたときに、「お前（ぼく）がそんなに言うのであれば、もっと香りが強いお茶を作ってあげよう」と思ってもらいたいからです。

お茶農家がやり方を変えることを好まないことは先にも述べました。伝統を守るという意味では従来のお茶づくりを続けるのも良いでしょう。しかし、より多くの消費者の笑顔や幸せを考えれば、そればかりが正解とも言い切れません。要は一緒に夢を見られるか、同じ感動を分かち合えるかということです。

基本的にお茶農家の人はバイヤーの言うことは聞きません。今話したような冒険はお茶の作り方を知らない奴は勝手にやることだと考えている人も大勢います。そんな人をいかに動かすか。ぼくからすると「説得」に近い印象もありますが、その熱意を積み重ねていくことで、ぼくが欲しいお茶はこういうお茶だ、という思いを理解してくれるようになっていくのだと信じています。

中国茶の市場は世界的にも広がりを見せていますし、若い世代の消費者を育てていく取り組みもしていかないとなりません。なるべく大勢のお茶農家との信頼関係を築いて、素晴らしい商品を届けることでお互いに心から感動できることが理想だと思っています。

命がけで守っているものを渡す

先ほども触れましたが、中国の茶農家にとって、農業は先祖代々伝承されるものだという考え方が根付いています。ですから新しいことにチャレンジしたり、新しいものを取り入れたりするのが苦手な傾向があります。

彼らが作っているもの、加工してできたものは自分たちが本当に命を懸けて作っているという思いを強く持っています。その原動力は、先祖から受け継いできたものを、子供、孫へと受け渡していこうという思いから来ているのです。

かれらの価値観はお金優先ではなく、そうした思いのほうが強いと感じます。お金は良いお茶を作った対価として得ているだけで、その対価がもらえるのはまさに先祖から受け継いだ土地や技術があってこそだと考えているのです。

この傾向はお茶農家には特に強く残っています。あるお茶農家からは「私たちが命がけで作ったお茶をあなたに譲る。私にはその対価だけくれればいい」と言われたことがあります。伝統を守ることが良い商品づくりに向かう熱意に変わることもあるのです。ですから、ぼくは先ほどいったような将来的な視点に立った取り組みも今後続けていきたいと思っていますが、伝統を守りたいという意思が強いお茶農家の方々にも敬意を持ってお付き合いしていきたいと考えています。

細かいことを気にしない器の大きさ

中国の国土は広大です。アジアの地図を見れば分かるように、その存在感は圧倒的で世界でも有数の巨大国家となったのはこの国土があるからです。これだけ土地が広いわけですから、中国人とひとくくりにしたくなりますが、実際には単一民族ではありません。全部で56の民族から構成されており、言語もそれぞれ異なります。普通語、広東語、上海語など、メジャーな言語はみなさんもご存じだと思いますが、方言として北方語、湘語、贛語などのほか、晋語、平話などもあるとされています。

言語だけでこれだけの種類があるのですから、食生活も違います。北方は麺やまんじゅうなどの小麦を主食としてますが、南はお米が主体になります。言葉、食文化が違うということは生活習慣や考え方も違います。

茶農家は中国中にありますが、それぞれの地域で獲れるお茶も違うし、それを育てている人も個性とは別に地方ならではの考え方などがあります。日本語では「風土」などと言いますが、それぞれの地方の茶農家には別の地方から次々とバイヤーがやってきます。

バイヤーも地方によってやり方も話し方も違いますが、茶農家はそういう細かい違いは一切気にしていません。交渉の進め方もバイヤーは自分に有利な話に持ち込もうとしますが、茶農家は強く接してくるバイヤーでも、やんわりと歩みよってくるバイヤーでも、分け隔てなく接します。

どの地方の茶農家も、常にありのままの自分でいますし、相手に対しても土地柄や風土に対することで深く立ち入ろうとはしません。バイヤーは茶農家からお茶を買いあげる立場になりますが、自分たちが作ったお茶を必要としているのか、必要でないのか、好きなお茶であれば買い取ればよいし、気に入らなければ買わなければよいと考えているのです。細かいことは気にせず、様々な民族や言語のバイヤーが来てもいちいち細かいことを気にしない器を持っているのが茶農家なのです。

またバイヤーはお茶を買い取ることはしますが、茶農家に自分が欲しいお茶についてリクエストをするようなことは言いません。いえ、ああして欲しい、こうして欲しいということが言えない間柄なのです。

ただし、ぼくがしたいのは茶農家が作るオリジナルを尊重しつつも、マーケットに少しだけ近づけたお茶を買い取ることです。茶農家はマーケットを意識することはあまりないのですが、ぼくは日本人をはじめ、他の国のお茶を愛する人たちが大好きな味や香りを知っています。

茶農家は伝統に則った製法をするのですが、それにちょっとだけ手を加えることで、マーケットにマッチさせることができるのです。だから、お茶以外に日本のこと、外国のことも茶農家とよく話しました。彼らも興味深く聞いてくれて、ぼくの考えを理解してもらえるようになりました。

バイヤーに対する接し方同様、ぼくの考えも広い心で理解してくれる。そして熱意が伝われば、ぼくみたいな人間のためにやってくれると言ってくれるのです。茶農家の方々は受け身が強いのですが、それだけではなく大きなものを包み込むような器の大きさを感じさせてくれるのです。

これは大変うれしいことですし、ぼくのため、ぼくのお茶を買ってくれるお客様のために変化を恐れず一緒にやってくれるのはとてもありがたいことです。しかし、その裏腹、茶農家にとって付き合いたくない人もいるようです。中国人は相手が気に入らなければ、一気に距離を空けて絶対的な拒絶をする傾向があります。ですが、茶農家の人たちはこの人とはやっていけないと思っても、いきなり態度を豹変させるようなことはなく、やんわりと少しずつ離れていくのです。ですから、喧嘩別れのようなことをすることはありません。歩み寄るときも、離れていくときもやわらかに。これが中国中の茶農家から学んだコミュニケーション術の一つです。

柔軟な思考と態度でお茶と関わる

中国の茶農家はバイヤーとの接し方同様、自分たちが育て、加工し、販売している「お茶」に対しても広い心で接しています。いや、言い換えれば、お茶との接し方と同じように人間と接しているのかも知れません。

例えば、お茶を育てるにしても、雨量や日照量、気温、風、土のコンディションでさえ毎シーズン違います。また、茶葉を摘むシーズンでも収穫する日が違えばお茶の葉のコンディションも違います。極端にいえば、日の出直前に摘んだものと、日が昇った後に摘んだお茶の葉でさえ違うものなのです。

大量生産、大量消費に慣れてしまうと、農作物も工場で造るような感覚で、どれも同じように刈り取り、出荷までに洗ったり、乾したりする時間もすべて同じパターンで加工します。なぜなら、そうしないとよりたくさん作ることができないからです。

茶農家はこれをしません。もちろん、お茶の葉を摘み取るという行為自体は、機械でもできます。しかし、人間の手は一枚一枚お茶の葉の大きさを揃えて摘み取ることができますが、機械を使った収穫では、大きさは関係なく短時間で刈り取ります。大量生産のお茶は作れるかも知れませんが、本物の良いお茶は人の手で摘まないと作れないのです。

茶葉をお茶にしていく工程では、お茶の葉のコンディションに合わせて、乾燥時間や焙煎時間を調整したり、熟成期間を毎日見守ったりする部分では、自分の経験と勘、知識と腕で対応します。なぜなら、そうしないと、理想のお茶に近づけることができないからです。

雨の日でも日照りの日でも同じように作る農作物と、ベストを目指して柔軟に対処していく農作物とでは、最終的に口にしたときの感動は比べるまでもありません。変化を続ける毎日に対して、つねに柔らかく広い心で接していく。やろうと思ってもなかなかできることではありませんが、中国の茶農家が自然から学んだこの姿勢はぼくらに大切な何かを教えてくれていると思えて仕方ありません。

自然に戻って考えるお茶づくり

実は茶農家は1年の半分以上が自由になる職業でもあります。何しろ春のお茶シーズンが過ぎれば、あとはお茶の樹の世話をするぐらいで、あまりやることが無いのです。繁忙期はまさに途方もない忙しさの中に身をおきますが、その甲斐あって、閑散期には釣りをしたり、山を歩いたり、優雅な時間を過ごしています。

そんな彼らがこの時期にやるのが「土づくり」です。当たり前ですが、お茶の樹は植物ですから、土がなければ生きていけません。土はミネラルや養分がふんだんに溶け込んで、うまく有機化している状態が理想です。このような土があってはじめてお茶の樹は立派に

自然と共存する茶農家

育つことができます。
　実はこの有機化した土は虫たちも大好きな環境です。そして、良い土にいる虫はあまりお茶の樹の成長を阻害しないばかりか、土中の土を耕す有益な種類も数多くいます。ですから茶農家はこうした虫たちをバロメーターに、良い土かどうかを判断します。養分が多すぎてバランスが悪くなれば虫が増えすぎて悪影響を与えます。逆に少なければ虫も入ってこず、お茶の樹の成長も芳しくありません。
　秋になるとお茶の樹を刈り込むのですが、もちろんこれは商品にはなりません。ですから、これを腐葉土として肥料に混ぜたり、樹と樹の間に埋めたりして虫たちの食事になるようにします。また、あえて菜の花をお茶の樹のすぐ近くに植えて、その根が土をほぐしてくれるようにするなど、工夫をする人もいます。

そもそも自然に逆らわず、柔軟に対応できる人たちですから、茶農家は土づくりも得意です。遊んでいるように見えている中でも彼らは学ぶことを辞めません。お茶づくりと同じで、ベストな方法をそれぞれが編み出し、それを土づくりにも活かしている。人間に対するときと同じように、気難しい自然とうまく付き合う姿は、お茶づくりのために生まれてきた仙人様のように見えることとすらあるのです。

自然は点でなく複数の要素が奏でている

「新茶」はお茶が好きな人が毎年楽しみにしている一大イベントです。日本では立春から八十八夜を数えた日、おおむね5月上旬が新茶シーズンの合図になっています。

中国では「開茶園（カイチャユェン）」と呼び、早いところで2月下旬、おおむね3月上旬から下旬にかけてシーズンインとなります。

お茶のファンはもちろんですが、ぼくたちも開茶園を楽しみにしています。もちろん、茶農家も待ち焦がれていますが、日本のように「八十八夜」というような定型の日があるわけではありません。ある意味、新茶の摘み取り開始の日も自然任せなのです。

茶農家は春が深まってくるにつれ、他の植物をつぶさに観察するようになります。春になると芽吹く植物は多くありますが、彼らはその開花状況や育成具合をみてお茶の葉が成長を始める瞬間を察しようとしているのです。

例えばある地方の茶農家はモクレンが開いて、その花弁が落ちる頃がお茶摘みに最適といいます。こうした観望的な視点は科学的根拠に基づくケースが多いことがよく知られていますが、同じ植物がほかの植物の息吹を教えてくれるというのは、まるで自然からメッセージを受け取っているかのようで、とても素晴らしく思えるのです。

もちろん、各地方によって植生している植物が違うのでモクレンに限った話ではなく、それぞれの地方にモクレンと同様にお茶摘みに最適な時期を知らせてくれる木々や花々が住んでいるのです。茶農家はお茶のことしか考えていないように思われるかも知れませんが、自然の摂理を感じながら、季節の移ろいやその年の傾向まであらゆることを知ることができるのです。

自然と共存し、上手に付き合っている茶農家の造形の深さには毎回驚かされます。日本や中国では、いまだに土を汚し続ける農業のほうが圧倒的多数となっている世の中において、ぼくたちは彼らから再度学ばなければならないことが多いような気がしてなりません。

走り続けるだけでは感じられない

お茶づくりは毎年繰り返される行事のようなもので、常にお茶をつくるという作業を中心に茶農家は走り続けています。ですが、そんな中においても彼らがたゆまぬ向上心を持っていることに感動することがあります。

ぼくが茶農家を訪れ、彼らと一緒にお茶づくりをしようとした頃から、それぞれの地方の茶農家の方々とは他愛のない世間話から、喧々諤々な商品の話まで、実に深く話すようになりました。彼らがぼくをある程度信頼してくれるようになったから話してくれるのだと思うのですが、他のバイヤーには話さないお茶づくりの製法などもちょくちょく話題になるのです。

茶師と呼ばれる、お茶工場の主任のような存在の人が居ます。分かりやすくいえば、日本の酒蔵の杜氏のような人で、良いお茶をつくるために陣頭指揮を執るのが役目です。

茶師は常に自分のベストを尽くして、その年に取れたお茶を良い状態に仕上げていくのですが、それにはいくつかのやり方があります。例えば、昨年獲れたお茶は水分が多かったから乾燥が長いBパターンで、今年獲れたお茶は例年通りだからオーソドックスなAパターンでといったようにいくつかの手法があります。

ほとんどの場合、その手法が間違えることはありません。そしてお茶の出来もほぼ文句なしに仕上がることが多いのです。しかし、「ほぼ」という部分に茶師はこだわります。「あと少しだけ乾燥を長くとったら…」「発酵時間をもっと短くすれば…」と、さらに等級を上げられなかったのか反芻するのが常なのです。

バイヤーのぼくらがそのお茶に95点をつけたら、茶師は「なぜあと5点が取れなかったのか」と考えます。そしてあと5点を取るにはどうすればよいか、自然との対話の中に答えを求めようとするのです。走り続けているだけでなく、時には立ち止まり、考える。この試行錯誤の据えに出てきた答えは翌年のお茶づくりに活かされます。100点満点を取るお茶が作れるようになったとしても、彼らは105点を目指してがんばり続けるに違いありません。彼らのお茶づくりへの情熱と進化だけは留まるところを知らないようです。

また、茶師や茶農家は、ぼくのような信頼してもらえるバイヤーから、市場の傾向を聞くと、それに合わせてくれようとします。これは繰り返し言っていますが、それはお茶づくりの根本的な技術の高さがあってこそ、実現できる「技」でもあるのです。

例えば、ぼくが「今年は花の香りがするお茶が好まれている」といえば、茶師は発酵度を調整したり、乾燥のプロセスを変えて芳香成分を変化させたりするのです。言葉でいうと簡単ですが、彼はこれをケミカルで管理したり、特殊な装置を使って加工したりしているわけではありません。長年の経験と勘でシミュレーションして答えを導いているのです。

これは先ほど触れた通り、常に向上心を持って研究し続けてきた結果に得られた膨大なノウハウがその礎となっています。お茶づくりの先にあるお客様の喜ぶ顔と未来を描きながら、どのように作ればそれが得られるのか、茶師と茶農家にはきちんとその道筋が見えているようです。

冷蔵庫が無くても幸せ

ぼくたちが都会で暮らす環境では、「モノ」は必要不可欠なものです。テレビ、冷蔵庫、車、スマートフォン、パソコン、etc… なくてはならないものであり、これらが充実しているほど、豊さの象徴になるとついつい考えてしまいます。

日本ではあまりないかも知れませんが中国では、他人がどんな「モノ」を持っているのか興味津々に見ています。彼の車は？　使っている携帯は？　そんな具合に誰もが、他人をモノで計ろうとします。都市部になれば、流行にも敏感でスターバックスが中国にできた当時は、スタバのロゴが印刷されたカップを持っているだけで得意げになっている人を大勢見ることができました。流行に敏感なことと、モノがあるほど豊かだと考える国民性なので、日本で起こった「爆買い」は起こるべくして起こった現象だったのかもしれません。

もっとも、中国人だけでなく、日本人も、あるいは世界中の人にも多かれ少なかれこうした傾向はあると思いますが、中国の自然に暮らす茶農家は少し違っています。

彼らが持っている冷蔵庫や洗濯機はどうみてもボロボロで、物質的な豊かさとはかけ離れています。かつては農村部の貧困が問題となった中国ですが、現在では大分解消されています。ですから、家電を買うお金が無いわけはありません。ぼくのように都市部に店舗を持っていて、普段はそこで活動しているような人間がくれば新型冷蔵庫の話題が出てもよさそうなものですが、それすらありません。

それよりも、ぼくが茶農家にいくと真っ先に「今年はどんなお茶が売れているのか？お客様の好みはどうか？」とお茶に関する話題ばかりを聞いてきます。彼らは物質的な豊かさなどかけらも求めていないのです。

ぼくはその姿をみて、彼らの志は「モノ」で計ることができないものなのだと痛感します。茶農家が追求したいことは、お茶づくりだけなのです。ぼくたちがモノを欲しがるのと同じように、茶農家は良いお茶をつくるという一点を欲しがります。

最初にぼくが茶農家を訪れたのはもうずいぶん前になりましたが、そのときにボロボロの冷蔵庫や洗濯機を見て「貧しい」と思っていました。彼らの興味がそこにはなく、もっと崇高なものだったことが理解できた今は当時の自分を叱ってやりたいぐらい恥ずかしいことだったと思っています。

茶農家が欲しいのは「お茶」であり、「モノ」ではないのです。お茶を飲んだ人が最高の笑顔になることが彼らにとって一番うれしいことであり、そのためならどんな努力もする。この姿勢とピュアな感覚は茶農家から学んだものの中でも特に大切にしたい部分です。

3章

中国茶ビジネスの魅力と難しさ

お客様の笑顔が私たちの幸せ

ぼくが中国茶ビジネスをはじめてかなりの年月が経ちました。多くのお客様と接しているうちに感動する事柄が4つあることに気が付きました。

ひとつめは「香り」です。お湯を沸かしてお茶を淹れると、最初にお客様に香りを嗅いでいただきます。その香りは緑茶の場合は蘭の花のような香りがするのです。もちろん、等級が低いものやあえて焙煎を強くしているものは持っていませんが、ある程度の等級以上のものになると、その香りは強くなります。

これは日本茶や紅茶、そのほかの国のお茶にはない特徴です。はじめて中国茶を飲んだお客様は最初にこの香りに感動してくれます。別のお茶の中にはほかの花の香りがするものもありますし、ミルクのような香りのものもあります。すべてのお茶の香りを楽しむまで、相当な年数が必要です。中国茶の淹れたての香りはそれだけ感動に出会えるということでもあるのです。

ふたつめは「味わい」です。お茶ですから、口に含んだときの味わいがもっとも多くの方に感じていただきたい部分でもありますが、これもかなりの方向性があります。花のような味わい、果実のような甘みがあるものなど、個性があるものもありますが、中にはお茶の風味を感じた後に甘みが残るもののように口の中で変化していく味わいもあります。これも中国茶ならではの味わいになるので、お客様に感動していただける要素になっています。

みっつめは「後味」。飲み終わった後に口の中に味わいが残るもので、中国茶の多くはかなりの時間、お茶に包み込まれているような感覚にさせてくれるものがあります。中には、水を飲んだり、食事をしたりしなければずっと味が残っているようなものもあります。この後味に感動してくれる方も大勢いらっしゃいます。

最後のよっつめは「留香」です。お茶を飲み終わった後のカップの匂いを嗅いでもらうと、とても良い香りがするのです。例えば、ミルク、蘭、きんもくせいなどの香りはとても喜んでもらえます。

「香り」「味わい」「後味」「留香」、この4つの要素は中国茶が好きな方々にとても感動していただけるポイントになります。この感動をお届けできるとお客様から笑顔がいただけます。ぼくらのような淹れ手とすればとても幸せなことです。

はじめて中国茶を飲んだ方の中に「心が染められた」とおっしゃった方がいます。とても豊かな表現だと思いましたが、まさにそうした感動が全身を包んでいたのだと思います。そうした満足感や至福の感覚を得られる中国茶は、まさに自分へのご褒美にふさわしいと思います。良いお茶を飲むと無になれます。イライラしているとき、ストレスや疲れが溜まっているときに一口含んでもらうだけでリラックスできるはずです。

この感覚は中国茶を飲んでみなければわかりません。お客様の幸せそうなお顔や感動されている様子が見れるのは、ぼくら淹れ手の醍醐味ですし、中国茶ビジネスの大きな魅力だと思っています。もっと多くの人にこの気持ちになって欲しい。そのためにぼくは今後もがんばりたいと思っています。

茶農家の思いや志を繋ぐため共に作る

これまで本書の中でも度々触れてきましたが、ぼくは新茶のシーズンになると茶農家へ赴き、仕事を一緒に手伝ってきました。当初は限られた地方の茶農家へ行くだけでしたが、現在では中国中に取引先があるため、限られたシーズンに回れるのはせいぜい全体の1／4程度です。つまり、4年ごとに取引先の茶農家の手伝いをするというのが現在の状況です。

バイヤーは基本的にお茶を仕入れられればそれで仕事は完了できます。一緒に作ったり、労働したりはしません。茶農家がどう思っているかはあまり考えず、自分の立場が上だと思い込んでいるバイヤーも多いのが現実ですから、「仕入れてやっている」という感覚なのです。ですから、茶農家と一緒にお茶づくりをするということはまずしないのがこれまでの通例でした。

また、茶農家の側もこれに倣うようにバイヤーになるべくお金を出してもらえるように、良いお茶を出し、料理を提供するために田舎では貴重な肉もふんだんに使います。バイヤーが来たからといって、飼っているニワトリを〆て出すという光景を何度も見てきました。つまり、主従関係のようなものがそこにはあったのです。

ぼくはバイヤーですから、お茶を仕入れます。ですが、自分が偉いとも思いませんし、逆に茶農家をリスペクトしています。一緒にお茶づくりを手伝うことで、もっと距離が近くなったらそれだけで良いのです。

ある茶農家はそれでも話を聞いてくれるのはうれしいと言っていました。基本的に都会の暮らしや世界のこととは無縁の世界で暮らしている彼らにとって、そうした話を直接聞ける環境はあまりありません。

それにぼくがほかの地方の茶農家でも手伝いをしていることを彼らは知っています。ですから、同じ茶農家や茶師がどのような仕事をしているのか興味津々なのです。「オータカ、あっちの地方ではどんなお茶の樹の育て方をしているんだ？」「オータカ、向こうでは乾燥に何日かけてる？」等々、いつも質問攻めにあいます。

茶農家は伝統を受け継ぎながら、その土地に合わせた栽培方法やお茶の加工をしているのですが、他の地方のやり方はあまり知りません。それを間接的にでも学ぶことによって、自らのお茶づくりの参考にしようと必死なのです。彼らがいつも考えているのは、「あと少し」の工夫なのです。それはインスピレーションや長年のノウハウから導き出されますが、やはりアイデアが欲しいのです。

中国には六大分類といって、緑茶、白茶、黄茶、青茶、紅茶、黒茶とお茶の種類があります。ぼくはすべてのお茶づくりを見ているので、例えば、緑茶を作っている地方の茶農家で、紅茶の作り方や香りの出し方などを話すととても喜ばれるのです。

これまでも中国全土を取引先にしているバイヤーがいなかったわけではないのです。でも、先にお話ししたように、バイヤーが一緒に手伝ったり、ゆっくり話し合ったりすることはなかったので、情報に飢えていたのだと思います。もちろん、現在ではインターネットや書物も豊富です。しかし、時代がどう移り変わっても、生の体験談はとても貴重です。ぼくとしても、仲良くしてもらえるおかげで好みのお茶をわざわざぼくように作ってくれたりしてくれるのですから、まさにＷｉｎ－Ｗｉｎの関係です。つまり、より良いコミュニケーションにもつながっているのです。

茶農家の方々は、娯楽が少ない地方に住んでいますから、ぼくのような人間が来るのを心待ちにしています。お茶づくりは早朝のお茶摘みから始まり、工場での仕込みまで長い一連の作業があります。お茶摘み担当者は早朝4時ぐらいから夕方まで働き、工場で加工する担当者はお昼ぐらいから朝方まで仕事をします。2組で24時間近く、まったく休みなく働くのが新茶シーズンの年中行事になっていると思ってください。

ぼくも微力ながらお手伝いするのですが、彼らは仕事終わりの少ない時間を使って、ぼくのためにお酒の席を用意してくれます。もちろん、普段この時期に飲むことはありませんが、「よく遠くから来てくれた」と、特別にお酒を振舞ってくれるのです。彼らが日常

茶農家のお茶摘みを手伝う

的に飲むのは「白酒」というアルコール度数がとても高いお酒です。日本人がこれを飲めばすぐに酔います。酔っぱらうと話が弾むのも全国共通です。

この酒の会は、ぼくと茶農家の距離を縮めてくれる絶好の機会にもなっています。お茶づくりのこと、市場の様子、海外のお茶事情、日本人のお茶づくり…もう話が尽きることはありません。

このような席を重ねると、どんな人でも家族のように仲良くなります。ですから、ぼくはこれが欲しいといえば用意してくれますし、なければ作ってくれます。ぼくも茶農家の思いや志を知ることができますし、もっと彼らを理解したいと思っています。

これからも茶農家でのお手伝いと白酒が飲める春の新茶シーズンは、ぼくにとって欠かせない行事となりそうです。

水の違いで香りと味わいが大きく変化

お茶は産地の水で淹れるのが一番おいしいと言われています。これはお酒などでも言われていることで、日本酒などもチェイサーとして飲む「やわらぎ」にはお酒を仕込んだときの水が最適と考えられています。

ぼくたちバイヤーは最初にそのお茶をテイスティングするときは、まさに現地の農家で飲みますから、産地の水で味を確かめています。その時は間違いなく極上のお茶だったのに、広州のお店に帰ってきてから、もう一度味見をしてみたらびっくりするぐらい違う味になってしまうこともあります。

お茶の世界では「茶器は父親、水は母親」と言われるぐらい水は大切な要素となっています。産地でテイスティングしたときに、都市部で飲むことを念頭に入れておかないと失敗しかねないのです。

水の違いで味も香りも、後味も変わる。中国は広いですから、すべてのお客様が産地の水でお茶を飲むということはないと思います。中には、産地でテイスティングして店舗で茶葉を買う方もいらっしゃいますが、「このお茶は違う、私が注文したものではない」という人もいるぐらいなのです。

これはぼくの店のことではありませんが、実際に起こり得るお話です。ですからぼくはお茶を説明する上で、もっとも基本となる「水」の知識も、お客様にお教えしておくことを心がけています。

良いものはお金で仕入れられない

茶農家は良いお茶を見分けられるバイヤーにお茶を売りたいと思っています。バイヤーと茶農家が真剣勝負を繰り広げていることは本書でも度々ご紹介してきました。良いお茶を託してもらうには、様々な困難が待っているのです。

産地で買い付けられるお茶にはそれぞれ等級があって、１類につき5等級ぐらいまであるのが普通です。

ひとつの大きな産地には何十ヶ所の細かな産地があり、細かな産地の中に小さな茶農家が１００～５００軒ほどあります。茶農家の数でも数千から数万軒あり、茶農家毎に味わいが違うので、お茶の種類や等級としては相当な数になってしまいます。

似たようなお茶の等級はブレンドして、等級の数を減らす作業をします。あまりにも等級があると、バイヤーも迷ってしまうので30等級前後にする茶農家が多いです。それでも大きな産地で計算した場合、数万から数十万の種類があることになります。一種類のお茶でも何百、何千という等級があるのでバイヤーがすべてのお茶をテイスティングするには限界があるのです。

また、同じ種類、等級のお茶でも早朝に摘んだ茶葉のお茶、それに午前、午後と1日で3つぐらいのグループに分けられるのですが、これによっても違いがあります。もちろん、価格にも影響があるのでバイヤーがこれを自力で見分けるには並大抵以上の能力が必要とされるのです。

都市部や市場でお茶に詳しい人でも、産地へ行くとまったく別世界になるということはよくある話です。あまりにも種類も等級もたくさんあるのでどれが自分の求めているお茶なのか分からなくなるのです。

ぼくのように産地に直接出向いて、何度も何度もテイスティングを重ねているとようやく微妙な違いが分かるようになってきます。そうなんです。本当のテイスティングにはそれなりの訓練と経験も必要なのです。

しかし、それができるようになれば茶農家は良質のお茶を出してくれるようになります。分からないからといって、お金を積んでも彼らは動きませんが、味が分かるバイヤーには自ら進んで良質のお茶から出してきます。長時間かけてテイスティングしても正しい等級、種類を見分けられないバイヤーは大勢います。もちろん、茶農家はそれなりのお茶を卸します。そしてこっそりと「オータカにはこれを譲るからな」とぼくには最良のお茶の葉をくれるのです。にっこり笑顔と少しの茶目っ気を出しながらそう合図する茶農家を見ると、訓練を重ねてきて本当に良かったなと思えるのです。

テイスティングした茶葉と違う茶葉が

ぼくがまだ駆け出しだった頃は仕入れ量もそれほど多くはなく、扱う産地も数えるほどでした。これは当然ですが、びっくりするのは現地で買い付けたお茶と、事務所に送られてくるお茶が違っていることが数回あったことです。これも実は中国の国土の広さと地域性の強さがそうさせていたのだと後で気が付きました。

茶農家が住むのは都市部とは遠く離れた遠隔地です。今でこそ高速鉄道網が発達していますが、昔は産地にたどり着くのも大仕事でした。もちろん当時は茶農家も貧しく、広州のような大都会に出てくるのは難しかった時代です。ですから、茶農家の中には「どうせ安いお茶を送ったからといって、こんな田舎にまた戻ってきて怒鳴り込む奴なんていない」と考える人もいたのです。

そんな茶農家でもぼくが取り寄せたかったお茶は極上品でした。バイヤーとしてはもちろん、人間としてもこれにクレームをつけなければ失格です。産地からは茶葉のサンプルを持ち帰っているので、届いた商品と違うことは見ただけでも分かります。ただし、当時はそれを相手に伝える方法があまりなく、写真で見せても送った送らないの水掛け論で収束してしまうことがほとんどです。

現在はスマートフォンとインターネットがあるので、そのようなことはまったく起こりません。それ以上に、そのような苦い経験から、ぼく自身も次は騙されない！　という気合を持ってテイスティングに臨むようになりました。その結果、若手時代にあったような事件はもう一件も起こっていません。今では笑い話として思い出す程度ですが、修行を積むときのモチベーションの一つになっていたことは確かです。

最高級の素材にこだわれない難しさ

様々な等級のお茶があって、等級の高いものは当然味も極上になっていきます。また、お値段も等級と一緒にグングンと上がります。これは市場の原理ですが、良いものは良いお値段がするのは仕方のないことです。

ぼくたちはバイヤーですから、お客様に一番良いものを楽しんでもらいたいと思って仕入れをします。テイスティングしているときに、一番自信を持って、これなら絶対に喜んでもらえるというのが分かっていても、等級のせいで値段が高すぎるということはとてもよくあることです。

どんなに良いお茶でも高ければ買ってくれる人は限られてきますし、もちろん売れ行きもよくありません。市場が買いやすいと感じる価格帯というものはお茶の世界にもあるのです。

バイヤーとして一番難しいのはお客様が喜ぶお茶を見つけるだけでなく、買いやすい値段のものを選ぶという部分にあります。価格と味のマッチングは味覚の訓練だけでは養えません。幸いぼくは自分で店をやっていますから、お客様のお財布事情は感覚で分かりますから、ある意味恵まれています。

もう一つ、価格と味のバランスという部分で難しいのは、せっかくマッチングさせたお茶は来年も手に入るとは限らないところです。同じ産地でも年によって味に変化があることはお伝えしてきた通りです。ですから、味の違いが分かってもらえるように、そして市場価格の変化を納得していただけるように、お客様にもお茶に詳しくなってもらい、成長していただく。これもバイヤーの役目だとぼくは思っています。産地とお客様の橋渡しをしながら、納得したうえで買っていただく。ぼくがいつも心がけていることです。

好みで価値が大きく変わる

お茶の好みは千差万別、人によっても違いますし、国土が広大な中国では東西南北それぞれの地方でも違います。世界規模で見ても国ごとに違いがありますし、それは当然です。お茶の場合、食事に合わせることも多いので、味付けが濃い、薄い、甘い、辛い、普段暮らしている生活環境によって、お茶の好みは左右されるものなのです。

ぼくはすべての人になるべく良いものをお届けできるよう、最適なマッチングとは何かを常に考えています。とはいえ、個人の味覚にピンポイントで合わせるのは至難の業と言わざるを得ません。

例えば、今中国では加工されたお茶が大ブームになっています。日本でもタピオカ入りのミルクティーが大流行していて、原宿や横浜の有名店には行列ができ、1時間待ちなどというのはざらです。中国でも同じことが起こっており、若者はこぞってミルクティーを求めています。

こうしたブームの中、お客様にお茶をお届けするとしたら、原料として最適なお茶を見つけることになります。ミルクティーの甘さの中でもしっかり味が残り、タピオカの食感を邪魔しないお茶を原料として安く提供できるよう、産地をめぐるのです。

決してベストのお茶をいつも届けるということはできないかも知れませんが、なるべく多くの人にお茶を楽しんでもらえるよう、ベストに近づける努力はするべきだと思いますし、実行してきました。これには茶農家も一緒に協力してくれるようになってきましたし、これからも続けたい取り組みのひとつです。

また、若者がお茶を求めて列をなすようなブームを待つだけでなく、もっと多くの人にお茶の魅力を知ってもらえるよう、販路を広げる努力も続けていきたいと思っています。

4章 中国茶のファンを増やす！

中国式おもてなしは相手への敬意から始まる

中国式のおもてなしはお茶からはじまる

中国にはお茶を淹れる作法のようなものがあり、それは一般的に「中国茶藝（チャゲイ）」と呼ばれています。英語では「tea ceremony」と表現されることもありますが、中国茶藝にもしっかりと基礎の「型」が存在しています。

茶藝には、初級、中級、高級と3つの段階があります。初級は割とおおらかで、三つの茶器（ガラスコップ・蓋碗・紫砂壺）の基本的な使い方が出来るようになり、基本の型でお茶が淹れられます。中級以上から決まった動作が入ってきます。この一連の型を持つ「茶藝」、いわゆる中国式のおもてなしだと言われています。その原点にあるのは大切な人への思いやりでもあるのです。

お客様に対してお茶にふさわしい空間を演出し、型にあう音楽を流し、芸術的な所作で上手にお茶を淹れ、一番良い状態で、一番良いお茶を飲んでいただく。とてもシンプルでわかりやすい目的のために茶藝の型があるのです。

言葉にできなくても感情は伝わる

中国茶はとても難しい世界だと思います。難しい分、面白みもあるのですが、例えばワインは、仕込まれた年、産地などによって種類が分かれます。ですが、同じ年、同じ産地、同じワイナリーのワインは基本的にすべてが同じものです。

お茶の場合は、お茶の葉の種類や産地、作り方で種類を分け、仕上がり具合によって等級がつけられます。しかし、ワインとは違って同じ種類、同じ産地、同じ茶工場のお茶であっても淹れ方によって味や香り、後味は変化するのです。中国茶が難しい世界だといったのは、これが理由なのです。

中国茶の場合、一度に入れるお茶の量が多すぎると渋さが出て甘さが感じられなくなります。適量であれば、甘さがしっかりと感じられ、渋みは感じなくなります。お茶の適量を導くために必要な、お湯と茶器のサイズとの関係性を理解し、どのような温度のお湯でどれぐらい蒸らすのが良いかを知っているかどうかでお茶の味が左右されるのです。

お茶を淹れるときには4つの要素があり、それは茶葉の量、お湯の量、お湯の温度、蒸らし時間になります。最終的に淹れられたお茶はこの4つの要素のバランスによって味が変わるのです。

お茶の正しい淹れ方を知るには経験が必要と言われています。今まで飲んできたお茶はどのように淹れることで、最良の結果が出せていたか。そして、今目の前にあるお茶の葉を正しく理解して、そのお茶の葉が持つ個性を十分に引き出すことができるかは、淹れ手の経験と知識がものをいう世界なのです。

たくさんのお茶を知り、その特性を理解している人は個性を引き出してあげる術も知っています。ですが、あらゆるお茶に対してこれができるようになるには長い年月が必要です。

一方で、特長や個性を十分引き出したお茶を「味わう」ということに対しては、誰もが平等に理解し合えます。例えば、お茶の種類によっては、きちんと淹れるときんもくせいに似た香りが出てくるものがあります。香りを十分に引き出すには経験と技術が必要ですが、その香りは初めて中国茶を飲む人にも伝わります。「とても良い香りですね」と淹れ手とお客様が同じ香りを楽しめる。わざわざ言葉にしなくても、同じ感動を味わえるのが中国茶のすばらしさだと思います。

中国茶の中には特長や個性がかすかにしか出ないものなどもあるので、それらを共通の感動とするにはかなりマニアックなゾーンに入ってくるものもあります。もちろん、そうしたお茶で同じ感動を味わうには淹れ手もお客様も知識と経験がないと難しいでしょう。そんな微妙な差の中には「茶韻（チャユン）」というものがあります。飲んだ後に口の中に残る後味のような感覚です。この茶韻は高級なお茶にしかないものになります。安いお茶に茶韻が残るものはありません。ですから、これを飲む機会はそうそうあるものではないので、未経験の方も多くいらっしゃいます。もちろんこれは淹れ手に対しても同じことが言えます。

逆にいうと、淹れ手にとっても飲み手にとっても、茶韻が感じられたときの感動はとても大きいのです。「見つけた」という思いが、お茶の席を共にしている人の間に流れていきます。こうした感動が波のように伝わっていく様子も中国茶のすばらしさ、魅力の一つではないかと思うのです。

お茶を飲まない社員が感動した日

ぼくの会社に入社してきた新入社員の話です。彼女はお茶の会社に入ったのですが、まだお茶の淹れ方は知りません。来客があった時などは先輩社員の中に淹れるのが上手な人がいるので、新入社員の彼女にはお茶を淹れる機会もありませんでした。

そんなある日、ぼくのところへ急な来客があったのです。ぼくは応接室にお通しして、お茶を持ってくるように頼みました。しかし、担当の先輩社員はたまたま出張で不在でした。今いるのは新入社員の彼女だけです。ぼくは「ちょうどよいチャンスだよ。君が淹れてくれるかい？」と伝えました。

しばらくすると、とても不安そうな表情で彼女が2杯のお茶を持ってきました。お茶を差し出すと振り返って出ていきましたが、その時の表情はとても緊張していたのか今にも泣きだしそうでした。

お客様が一口お茶を飲みました。「うまい！」そう大声でいうと、ぼくに向かって彼女をほめたたえる言葉を次々と投げかけてきました。「さすがお茶を取り扱っているだけあって、相当な腕前だね」「うちの社員にもこれぐらい上手な子がいればなぁ」とすっかり上機嫌です。

ぼくも一口すすりましたが、なかなかの味わいで、初めてにしてはかなり上出来な仕上がりです。

お客様がお帰りになった後、彼女を呼んでとても喜んでいたと告げました。すると、見る見る笑顔を取り戻していきました。そしてこんなことを言ったのです。「お茶を淹れて褒められたなんて初めてです！　おいしいお茶を飲むよりも、こっちのほうがうれしいですね」。

よく聞いてみると、彼女がしたのは先輩社員がいつもやっていることの見よう見まねでした。もちろん、がんばった彼女の功績はとても大きいです。一方で、良いお茶であれば、多少淹れ方がぶれてもおいしいお茶になってくれる。そんな懐の深さを持っているのもまた中国茶の魅力なんだと思います。

そんな彼女も現在では先輩社員にお茶の淹れ方を習って、とても上達しました。しかし、その時の経験がよほどうれしかったのか、いまでも「もっとたくさんの人に中国茶を淹れてあげたい」と無邪気に笑っています。その様子をみてぼくも淹れ手として駆け出しだったころ、うまく淹れることができたお茶をお客様がとても喜ぶのを見て、心が震えたことを思い出しました。自分が味わった感動が鏡のように返ってくる。一杯のお茶を通して淹れ手と飲み手が喜びを分かち合えるのも中国茶の魅力ですね。

中国茶の楽しみは毎日変わる味わい

中国茶は飲むタイミングでも味わいが変わります。朝飲むのか、夜飲むのか、あるいは茶葉の量も同じように計っていても微妙に変わりますし、お湯も毎回正確に注いでいるわけではありません。ちょっとの違いが味に影響するのは、これまでも触れてきたとおりです。

逆にいうと、中国茶は毎日違う味に変化することになります。常に新しい味わいに会えるのですから、これを楽しまない手はありません。

ぼくたちのようなプロになると、最低でも一つのお茶は20回以上テイスティングします。高級なお茶や稀少なお茶の場合は数十回、百回とテイスティングを重ねることもあるぐらいです。これはなぜかというと、そうした日常でのブレ幅を感じるのに必要だからです。お茶の個性や特長を引き出せる淹れ方にどれぐらいの幅が許されるのか。例えば、1㎖の違いも許されないのか、10㎖ぐらいなら味には影響がないのか。お茶の味の変化を楽しめる幅を知るためにたくさん飲むのです。

テイスティングを重ねていくと、そのお茶が持つブレを許す幅が体で分かるようになります。それが分かると、何か違いを発見したときに言葉で表現することができるぐらい、はっきりしたイメージがつかめるようになります。同じお茶でも楽しみ方に幅がある。これも中国茶を楽しめる要素の一つですね。

手を動かすことで感じられる世界

茶藝の世界では基本的に女性が淹れ手になります。中国では女性がお茶を淹れることに対する美しさを「柔美（ロゥメイ）」と表現します。

茶藝を学ぶものは柔美を追求して研鑽を積みます。練習を重ねていくのですが、毎回所作が違います。道具をとる動作、お茶を注ぐ動作、茶器からお湯を出す動作、これらはすべて手を使う動作です。つまり、中国茶は手の動かし方で様々なことが感じられるという楽しみ方もあるのです。

手を動かす中で、お湯の入った茶器、茶葉の重さなど、様々なものに触れていきます。この感覚を覚えることによって、もうちょっと蒸らしたほうが良かったかな？　もうちょっとお湯の温度を下げたほうが良かったかな？　という感覚が分かるようになります。そして繰り返し練習していく中で、これらの感性が磨かれ、手を通してさらに細かい変化も感じ取れるようになります。

何かの時に中国茶藝を見たり、学んだりする機会がありましたら、ぜひご自分の手を使ってお茶を淹れてみてください。それも中国茶を楽しむ一つのきっかけになるはずです。

頑張る自分にご褒美を

中国茶は一般の人たちにとって嗜好品です。高価なものも多くありますから、日常的に飲むものというよりは、少し贅沢なものになると考える人のほうが圧倒的に多くいらっしゃいます。ですから、中国茶は1週間に一回、頑張った自分へのご褒美として、ゆっくり時間を使っておいしく淹れ、味を楽しんでリラックスする。そんな存在なのかも知れません。

このことを中国茶未経験の方にはコーヒーで例えてお話しています。コーヒーはインスタントもあれば缶入り飲料としても気軽に飲めます。ですが、喫茶店で飲むコーヒーと簡単に手に入るものでは味がまるで違います。自分で喫茶店なみのコーヒーを淹れようとすれば、コーヒー豆を好みの粗さまで挽いて、ドリッパーを使ってゆっくりお湯を注ぎながら落ちてくるのを待つ。そしておいしく淹れたコーヒーを一口のんで息をすれば、まるで生き返ったかのようなフレッシュな気持ちになるはずです。

これは中国茶も同じで充実した時間を過ごすには、良質の茶葉と茶器が必要です。少しずつ必要なものを買い揃え、良質のお茶が手に入るようお店を何件も回り、ようやく自分の時間の中で味わうのです。

この一連の出来事も楽しみながらお茶を飲む。より多くの幸せを感じるには、お茶を中心にしたすべての出会いやそれにかけた時間も含めて楽しんでいただきたいです。そんな時間をもっと多くの人に味わってほしいと、いつも願っています。

テイスティングは真剣勝負

新茶の季節になると大量のお茶が毎日出荷されます。これが工場単位、地区単位、さらにはその隣の地区でも同様に生産され続けるので、ワンシーズンで見れば数千種類のお茶が市場に出ていくのを待っている状況です。銘柄は同じでも、茶葉の名前は一つです。例えば西湖龍井という銘柄がありますが、細かな産地や農村単位で呼び方が変わります。そして、その茶農家毎にも味わいや香りが変わることで種類分けされていきます。ですから、数が多くなるのは当然のことなのです。

ただし、あまりにも種類が多いと等級分けと合わせた場合、複雑になりすぎて販売しづらくなります。なので、同レベルのお茶は混ぜてブレンド茶として販売します。これは中国茶ではよくあることですが、ブレンドというと下等級のものと混ぜてごまかしているかのようなイメージを与えてしまうので、実際にはそのような言葉は使わず、普通に1級、2級、3級と数字で分けていきます。

ぼくたちバイヤーからすると、1級の中にもいろいろな茶葉が混ざっていて、その比率によって自分がお茶を提供しているお客様の好みに合う合わないが出てきます。ですから、たくさんある1級茶葉の中から、自分が求めているベストなお茶を仕入れるのは非常に難しい作業になるのです。

茶葉の買い取りは毎日バイヤーがテイスティングして、このお茶を○ロット、このお茶を全部、といった具合に買い取っていきます。とはいえ、新茶で一番難しいのが、昨日出来上がったばかりのお茶をテイスティングしても、熟成が足りていないので本来の味の輪郭が出ていないことがあるのです。

お茶は焙煎して、最後に乾燥させますが、このプロセスでは火を使います。もっとも多い例だと150度ぐらいの温度で、茶葉の水分含有量が5～7％に落ちるまで蒸発させせま

ずらりと並んだ試飲用のお茶

す。ですから、テイスティングをしているときの茶葉は火が入ったままという感じになるのです。

火入れによる影響が落ち着くのは2週間から6週間といわれています。本来はそのタイミングでテイスティングするのがベストな選択なのですが、バイヤーとしてはそんなにのんびり構えていては欲しいお茶が手に入らないことになります。ですから、半月後にはこのような味と香りになっているだろうと、推測しながらテイスティングをしなければならないのです。

新茶の時期のテイスティングは、通常期のテイスティングとは別の技術が必要です。新茶の時に買ったお茶が一か月後にどう変わっているか、飲んでみれば誰でもわかることなので、その時点であまり良い方向に変化していなかったとしても文句は言えません。

スピード勝負なうえに先読みの能力も試されるまさに真剣勝負なのがこの時期のテイスティングです。これが新茶の仕入れをするときのバイヤーに与えられた試練です。逆にいえば実力があれば、狙い通りのお茶を誰よりも早く、大量に仕入れることも可能です。プロの世界ですから、この厳しい条件を楽しめるぐらいでないと生き残れません。一般の方々には無縁の世界ですが、この時期のテイスティングはぼくが感じる中国茶の魅力の一つになっています。

自然環境が良すぎてツアーが組めない

ぼくたちの協会では中国茶に魅力を感じていただいている方に、さらに理解を深めてもらうために中国茶の原産地を周る「スタディーツアー」を定期的に開催しています。すでに多くの方にご参加いただき、大変好評をいただいており、企画している身としてはとて

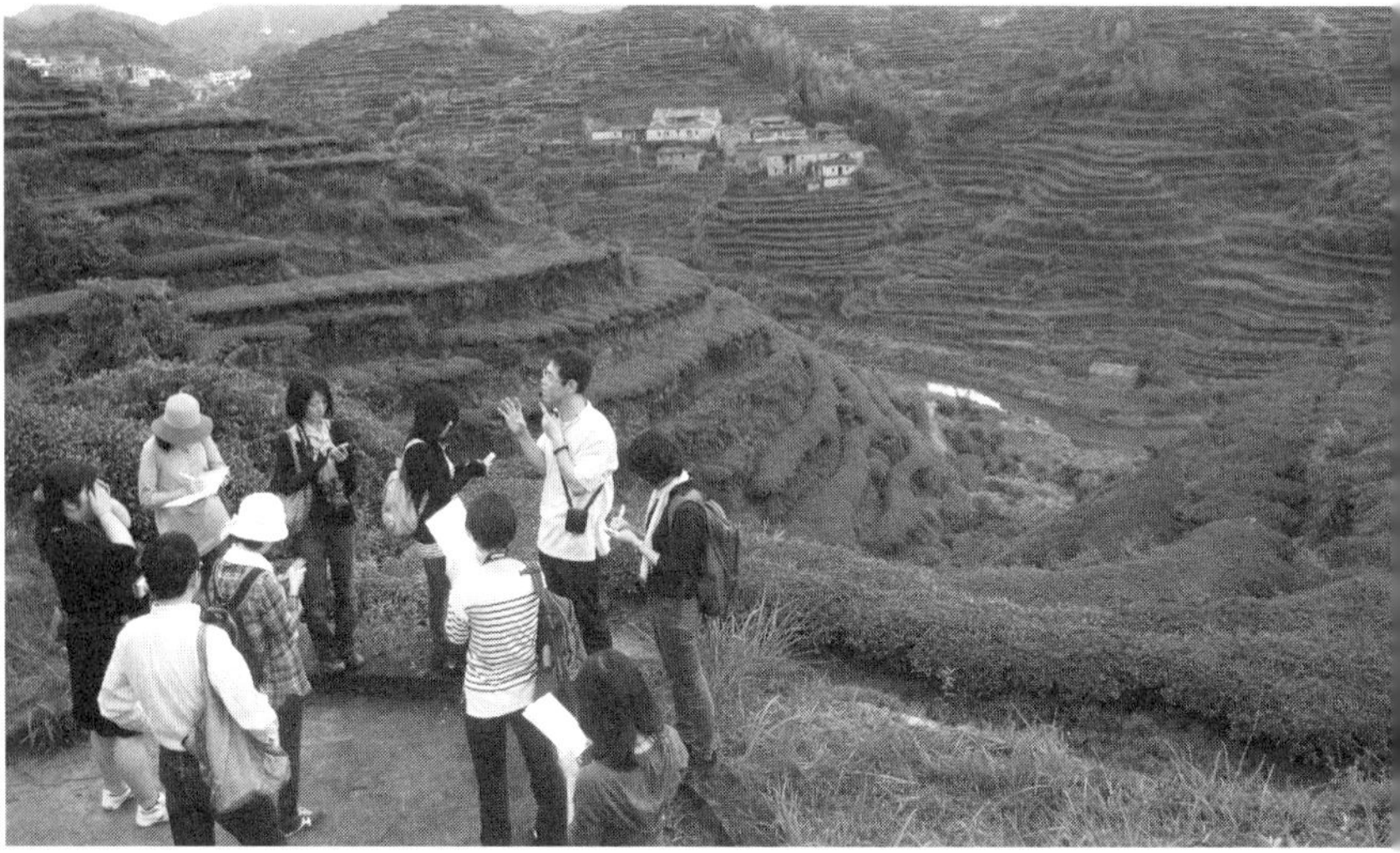

中国茶の産地を訪れるスタディーツアー

もうれしく思っています。

中国茶の原産地はとても自然豊かなところにあると、本書でも繰り返し述べていますが、現在でも中国茶の産地にはホテルがなかったり、交通が不便だったり、たどり着くのが難しい地域にあることが多いのが実情です。

スタディーツアーに参加していただいたみなさんに見て頂きたいものもたくさんあるのですが、現実問題としてホテルがそもそも無かったり、あっても外国人が泊まるには不向きだったりする場所が多いのが悩ましいところです。それも中国茶の原産地の良い部分でもあるため、多少の不便を見込んで挑戦してスタディーツアーを組んで

いきます

産地へ行くといつも当たり前のことができないそのもどかしさがあります。ホテルなどの環境はもちろんですが、天候も思ったようにはいかず、時には雨の日に見学ということもあります。どうにかしてあげたい気持ちはあるのですが、いかんともしがたい。そんなジレンマを感じるのです。ですから、「参加者の方々にとっては今回のスタディーツアーがこの地を訪れる最後になるかもしれない」、そういう思いでツアーを続けています。

参加者の方にとっては最後の一回になるかもしれないお茶産地への来訪なので、その産地の魅力を存分に感じて頂けるようなプランを組んでいます。時にはプラン通りに行かないときもありますが、それは皆さんに良い状態で良いものを見てもらいたいとぼくたちが思っている一つの行動が表れているのだと思ってください。

五感で感じるお茶づくり

お茶作りを行う作業現場がお茶工場になります。規模はいろいろですが、どの工場でも茶師や従業員の方々が良いお茶を作ろうとがんばって作業されています。そこもスタディーツアーで訪れるプランに入っています。訪れたお茶工場では多くの出会いがあります。お茶と人、人と人、参加者の方々にとってもたくさんの出来事が待っています。

そんなお茶工場で、お茶についてお話を伺うのも楽しいのですが、作り方のレクチャーも行うのがスタディーツアーをしていてやりたいことの一つです。

茶農家の方も茶工場で働く方々も、自分たちが作ったお茶をどんな人たちがどんな思いで飲んでいるのか、普段は全く知りません。ですから、消費者代表としてスタディーツアーの参加者が生産地を訪れるのです。ですから、そういう人たちが来てくれるだけでも、茶農家や茶工場の人たちにとっては嬉しい出来事ですし、そこで交流しながら、好きなお茶や好きな香りのことなどの意見を現場の生声として聴けるのは非常にありがたいことなのです。

ぼくはお茶づくりは変幻自在だと思っています。茶葉の状態やその日の天気によって作り方を変えるというお話は本書でもしてきましたが、それを楽しめるのか、難しいと思ってしまうのかの差でお茶づくりの楽しさの受け取り方は変わるのかなと思います。

ひとつ言えることは、すべてはお茶の葉が中心となっていて、人はお茶づくりの中心にはいないのです。お茶を作る人にとってはかなり厳しい状況ですが、それは全てよいお茶のためだけにやることなのです。お茶の葉に向かう姿勢や、実際の作業の過酷さを参加者の方には見ていただきたいなと思っています。

産地でしか味わえない素材の味わい

お茶は産地の水で淹れるのが最も美味しいということは、第3章の「水の違いで香りと味わいが大きく変化」でも触れました。実際に産地でテイスティングしてから、上海や広州に戻ってくると、同じ茶葉なのに全然違う味がするぐらいなのです。この違いを知ることで茶葉が喜んでいる。ぼくはいつもそんな気がしています。自分の生まれ育った土地の水で淹れてもらうということが茶葉にとっては最高の幸せなんだと思えるのです。

茶葉の種類や品種が数千種以上あることは本書でご紹介した通りです。せっかく産地に行くのですから、お茶工場に行った時にはそこにあるたくさんの種類の茶葉を産地の水で飲んでいただくことを大切にしています。

同時にぼくはあまり得意ではないので取り扱わないのですが、産地の茶工場には私達が店頭で販売しない国内向けに出荷するお茶も置いています。ぼくのお店に来てくれる人たちはそうしたお茶を飲むことは少ないので、比較のためにそちらも飲んでいただきます。

産地の水と良質の茶葉、そして外国向けの茶葉との比較。様々な試飲をすることで大きな気づきや学びがあると思っています。お茶を作るということと、お茶を飲むということ。これがスタディーツアーの最大のポイントになります。

とはいえ、もう一つの楽しみもあります。それは産地の茶農家が振舞ってくれる家庭料理です。すぐ横にある畑でとれる中国野菜が持つ本来の味わいや、それを食べて育った鳥肉を素材にした数々の料理が参加者の舌をくすぐります。豊かで力強い野菜たちの力を味わってもらうことで、産地の自然や環境を文字通り体感してもらえるのだと思っています。

参加者の笑顔が何よりの原動力

茶農家や茶工場の方達が頑張っている姿を素直に評価する。これはとても大切なことだと思っています。それもスタディーツアーをおこなう大きな理由の一つです。

参加者の方々が産地へ到着すると茶農家の人達は恥ずかしがりながらもお茶を振る舞ってくれます。自己紹介からはじまり、家族、一緒に働いている仲間などを次々と紹介していきますが、そこで参加者との接点が生まれてみんながとても楽しそうな表情になっていきます。ぼくはこの瞬間がとても好きで、それがスタディーツアーを続けていける原動力にもなっているのです。

うちとけてくると、茶農家はちょっとしたクイズのように、お茶を何種類か出して「どれが一番好きですか？」とアンケートを取ったりします。バイヤー相手のテイスティングのように人の目利きをしようというのではなく、すべてが良いお茶で知りたいことは参加者がどんな味が好きなのかということだけです。ツアー後にぼくがその茶農家を訪れると「オオタカ、この前来た日本人のグループが、このお茶がとても好きだと言ってくれたよ！」とうれしそうに話します。参加者の方々の笑顔は、彼らの一つの思い出になっているのです。

お茶づくりはとても難しいのですが、それを評価されることはありません。スタディーツアーでは、誇りをかけて作ったお茶を大勢の参加者が笑顔になって飲んでくれるのです。茶農家や茶工場の人たちにとって、それは自分が認められた瞬間なのだと思います。

参加者、茶農家、茶工場、ツアーに関わったすべての人たちの笑顔で旅は幕を下ろします。みんなにとってとても良い思い出になったと毎回感じています。実は、ぼく自身はコーディネーターとしてみなさんに大きな声で都度説明をするので、最終日にはいつも声がガラガラになります。そんな状態でも続けられるのもみなさんの笑顔があるからです。これからも大勢の人に参加していただき、中国の素晴らしさと中国茶の魅力をお伝えできるようにこれからも頑張っていきたいと思っています。

5章

上海、深センへの進出

社員と共に取り組んだ挑戦

ぼくたちは最初に広州にお店を構えました。ここは中国の中でも最大の面積を誇る中国茶市場があります。中国でビジネスをする人、お店を持っている人にとって、卸売りをしてくれる取引先をもっとも見つけやすいのがここだと言われています。

最初の店舗はそれなりの苦労はあったものの、お茶を商売にするには土地の利があることもあり、順調に成長できました。その後、ややあって二号店を作ろうということになり、日本人が多く在住している上海がよいなと考えるようになりました。

広州に拠点を持ったおかげで、新

高層ビルが立ち並ぶ上海

店舗に必要なものはここからすべて手配できます。仕入先に関する不安はまったくありません。こうなればさっそく上海へ向かいたくなります。

上海は川を境に東西に街が分かれています。どちらに店舗を出すのか、それぞれの街の性格もわかない状態だったので、まずは下見に奔走しました。当時はお客様の大半が日本人でしたから、日本人学校としては初の高等部があるすぐ近くの浦東のマンションを借りて店舗をオープンしました。

広州とは違い、まったくの新天地ですから、知名度ゼロの状態からビジネスがスタートしました。ぼくたちのことをまったく知らない人へむけて雑誌広告を打ち、認知度を上げていきました。また、何しろ飲んでいただかないと中国茶の魅力は伝わらないので、試飲会もたくさん開きましたし、社会人の勉強会や交流会や県人会等にも参加して中国茶の良さを知って頂くべく奔走していました。

近くの取引先となって頂いた場所で店頭での試飲販売をさせて頂いた時も最初は全く知らないブランドですので、無料の試飲ですら嫌煙されてしまっていたほどです。これには社員の心も折れてしまうほどショックだったようで、ぼくも一緒に店頭に立ち皆さんに飲んで頂きました。

その他にも日本人の方達が主催されている販売会にも積極的に参加させて頂きました。あとは、中国茶や水の安全性の講義などをさせて頂き、ぼくらのこだわりや一般のお茶との差別化を話させて頂きました。

その甲斐あって、現在では日本人の方々はもちろん、地元の中国人にも受け入れてもらえるようになってきました。

ぼくはお茶でビジネスをしていますが、一杯のお茶をお客様に届けることを大切に考えて何事にもあたるようにしています。その気持ちを感じていただけたのか、多くのお客様に評価をいただけるようにまでなりました。

お茶の味、香り、生命力、香り、後味、様々な点で喜んでいただいていますが、もっとも多いお声は「ほかのお茶と比べて美味しく感じる」というものでした。

これはぼくのお店の一番のうりでもあるのですが、伝統栽培にこだわり、昔ながらの栽培方法、製造方法で作ったお茶しか仕入れをしていません。産地の一つ一つを丁寧に回り、茶農家と信頼関係を作り、一緒にお茶づくりをしてきた結果、伝統栽培によるすばらしいお茶をみなさまにお届けできるようになりました。もちろん、伝統栽培のお茶の味をみなさまに味わっていただく努力も重ねてきましたが、それも商品であるお茶が本来持っている力をお見せしたかったという一念からきています。これは今後も続けていきたいと思う、ぼくのこだわりです。

茶藝講座の認知度は高い

ぼくたちは当時お茶の販売だけでなく、茶藝講座も行っていました。茶藝講座では、もちろん中国の茶藝を習っていただくことになります。世界にはお茶を発展させた3つの文化があります。ひとつは日本の「茶道」、もう一つは中国の「茶藝」、さいごに韓国の「茶礼」です。この3つは世界の中でも歴史が長いお茶文化といわれています。

ぼくらは茶藝を教えるのですが、当時の中国には「茶藝師」という国家資格がありました。現在では「一般社団法人日本中国茶文化交流協会」による社団法人認定資格となって受け継がれています。

茶藝師はまず、お茶を見て、それに合う茶器を選びます。その茶器を使って美味しく淹れ、お客様に提供します。これには所作があり、そのプロセスももちろん試験の対象です。

また、このときの動作は本書でもお伝えしている「柔美」で表現します。女性の美を表現しながらお茶を丁寧に淹れ、お客様に最良の状態のお茶を提供するのが茶藝師のスキルなのです。お茶そのものはもちろん、茶器への知識、所作、淹れ方、すべてを理解していないと合格しない厳しい試験です。

この茶藝師を育成する教育をぼくたちは２００７年６月から続けています。また、講座の質にもこだわっています。そのこだわりの一つは原産地のお茶しか使わないという部分にもあります。

例えばプーアル茶にも様々なものがありますが、本物もあれば偽物もあるのです。プーアル茶は雲南省の南部から南西部が原産地です。プーアル茶は中国でも生産量が非常に多い茶葉の一つなので、原産地のお茶はかなりの量あるのですが、トレーサビリティが有効な原産地のお茶は一握りしかないと言っても良いです。さらにいえば、この中の等級が高いお茶を取り扱える店はそれほど多くはありません。

ぼくらが開いている茶藝講座ではそうした本物のお茶を使います。市場にあまり出回らないぐらいの茶葉を使用していますから、茶藝師のみなさまは淹れる技術と原産地のお茶の味わいを理解することもできるようになります。それを多くの方々に知っていただくことができた結果、茶藝講座の認知度はとても高くなりました。

　ぼくたちはこの講座を受講した人が茶藝師を育成する先生になるというのをゴールにしています。ここで茶藝師になった講師の方が、日本で活躍したり、中国の別の地域で茶藝を広めたりしてくれるのが一番うれしい未来です。現在まで多くの茶藝師を輩出してきました。ぼくたちは受講したら終わりではなく、受講後に活躍されるみなさまのサポートも行っていきます。これからもご希望されるみなさまには最大限のお力添えをしていくつもりなので、興味のある方はぜひご相談ください。

百貨店の難しさ

　これまでぼくたちのお茶の販売先は店舗でしたが、販路を拡張するため、百貨店に卸すという取り組みを考えはじめました。

　ちょうどその頃、２０１４年７月の日中地域交流会にて、上海高島屋の最高責任者、上海高島屋百貨有限公司・上野董事長が講師としてお話されると聞きました。

ぼくはそれを受講し、今ではなく、未来の街作りをしているスケールの大きさや地域の人を大切にする考え方に感動して、感動の勢いのまま戻ってメールを送信しました。

結構な長文になりましたが、すぐに翌日返信が来ました。とてもありがたいことに、「すぐに来なさい」という内容でした。ぼくは喜んでアポイントメントを取らせていただき、お話させていただく機会を頂戴しました。

その場では様々なアドバイスをいただきました。例えば、世界へ向けて中国茶を売りたいのなら「中国茶」であることを最初に言うべきではない。なぜなら、中国茶の評価は世界では高くなく、食品としての安全性も疑われている。ならばそれを逆手に取り、まずは飲んでもらってこのお茶はおいしい、どこのものなのか？　とお客様が興味を持ったところで中国茶だとわかるようにすればいい。原産地や製法もきちんと開示し、安全であることを示せばきっとリピーターになってくれる、というようなお話を頂戴しました。

ほかにも様々な気付きをいただき、とても有意義な時間が過ごせました。当時ぼくらは「チャイニーズライフ」という名前をブランド名として使っていましたが、これだとすぐに中国茶だとわかるので、ぼくの名前を使って「大高勇気茶」としました。もちろん、ブランド名だけでなく、アドバイスを活かせるよう商品開発も進めました。

試行錯誤を経た結果、今でも忘れられませんが、二つの商品を上海の高島屋さんが置いてくださることになったのです。同時に2種類では足りないということで、もっと商品開発を進めるよう依頼されました。社員の方々にもたくさんのアドバイスをいただき、商品開発や価格設定など親身になって教えてもらえてたのは今でもぼくの宝物となっています。

そしてこの頃から、日本人メインのお客様から、中国人の方々を含めて、上海在住の世界中の人がお客様になっていきます。いまも商品開発は続けていますが、この頃の経験は今でも様々な商品に活かされています。

スーパーでの交渉

百貨店での販売が始まると、もっと販路を増やしたくなります。中国ではスーパーマーケットが人気なので、そこでも取り扱ってもらえないかチャレンジしてみることになりました。

2015年頃の話ですが、ぼくらは中国では無名のブランドです。営業に行くと「あな

近代的な中国の都市型スーパーマーケット

た誰ですか?」と怪訝な顔をされます。ゼロからのスタートですから、門前払いされたこともありました。それでも懲りずに商品を持って、売り込みをするのですが、応じてくれたスーパーマーケット専属のバイヤーの前でプレゼンテーションをすると、「誰がお前みたいなヤツの商品を面倒見るんだ」といった顔で風当たりの強い中での駆け引きが多かったです。

それでもぼくはへこたれませんから、次第にバイヤーの方も「もううるさいから並べさせてやるか」と態度を変えてくれ始めました。いくつか商品を置いてもらったところ、売れ行きも悪くありません。少しずつ商品の数も、棚の面積も大きくなっていきます。

ちょうど高島屋さんでも販売が始まっていたので、中国人のお客様も「あ、これあそこで見た」と手に取ってくれます。この相乗効果で、ぼくらの商品はよく売れるようになりました。

商品開発も順調で、最初は二つしかなかったラインアップも、今では60を超えています。このスーパーマーケットは中国では知らない人がいないぐらい全土に店舗を持つ、華潤集団の「Ole」と「blt」という二つの高級スーパーです。信頼してもらえるようになった今では73店舗で取り扱っていただき、とてもよいお取引をさせていただいています。

オーダーメイドのやり取り

中国のスーパーマーケットと取引をしていると、これまでの日系企業とのやり取りとは全く違う中国式のビジネスに合わせる必要が出てきます。

例えばA、B、Cという三つの商品を作るとします。まずはたたき台のような試作品を持っていき、議論を経てAで行こう、などと決まり、Aをベースにブラッシュアップしていくのが通常だと思います。

ですが中国の場合、選んだAという商品をベースに改善を積み重ねていって、いよいよ形が見えてきたなというときに、やっぱりBでいこう、と平気ではしごを外してくるのです。ぼくらならなかなか言えないことを平然と言われ困惑しますが、それでも分かりましたと、Bを作って持っていきます。すると、やっぱりCでいこう、となるのです。

最終的にCで納品することができたのですが、高島屋さんで感じていた商品が出来上がっていく期待感や高揚感はまったくなく、逆に死ぬ思いで積み上げてきた努力を一瞬で無にされる絶望感に襲われるのです。

おそらく、多くの人はここで心が折れると思います。ぼくも現実には音を立てて折れましたが、そこから添え木をしてようやく立ち上がった感じでした。商品開発には様々な人が関わります。原料に関係する人、パッケージを作る人、商品のデザインをする人…その人たちに何と言ってよいやら、数日悩んでしまうぐらいです。

この経験から、中国式のビジネスの中では期待を積み上げることよりも、常にゼロベースでものを考えるようになりました。ただ、この時にすごく良かったのは、担当のバイヤーがお茶にとても詳しくて、能力も極めて優秀だったことです。彼はいつもぼくらのお茶を高く評価してくれ、力になってくれたことです。そしていつも具体的なアドバイスをしてくれました。パッケージはゼロからのオリジナルにしたほうがいいといった内容が多く、中でもティーバッグに関してはとてもこだわりがあるのが印象的でした。

ぼくらが商品開発を進めていく中で、お茶を気軽に楽しんでもらえるようにと、ティーバッグ方式を採用していました。一般的に使われている素材はナイロンで、食品用に開発されたものですから、清潔で安全性も担保されています。価格も安いのでティーバッグにはナイロンというのがある意味常識になっていたのです。

しかし、華潤集団の購買担当者は「うちではナイロンは扱わない」と言いました。理由を聞いて納得です。彼がいうにはナイロンは地球にやさしくなく、多くの問題を含んでいる。これからはお客様にとってもエコというのが大切なキーワードになるから、植物由来の素材などにしてくれということでした。

プラスチックやナイロンなどは環境負荷が大きい素材です。それに対する素材として、トウモロコシ繊維のフィルターや植物性のソイロンなどは現在とても注目されています。この話を聞いて、素材へのこだわりを感じましたし、だからこそ何を言われてもがんばってみようと思えるきっかけにもなりました。

　そんな経緯があったからか、今では華潤グループの皆様からもプロとして認めてもらえるようになりました。ぼくらはお茶のプロとして商品を開発、販売します。そして華潤グループも販売のプロとして、ぼくらの商品を売ってくださいます。お互いにその道のプロとして、今後もたくさんのお客様により良い商品を届けていきたいと思っています。

好きなお茶の銘柄は土地柄で違う

　広州と上海でお茶の販売を続けていると、同じ中国の都市なのに、ここでも味の好みが違うことが分かります。広州ではよく売れるのに、上海ではまったく売れない。逆に上海ではよく飲まれるのに、広州ではさっぱりというケースがあるのです。

　どうしても広州での経験が長かった分、そちらがスタンダードだと思っていましたが、そうとも言い切れないと、はじめて両方の店舗を持つようになってから気が付かされました。

理由は、水が違う、食事が違うといったものは当然あるのでしょう。しかし、地方と都市というならまだしも、どちらも近代化された都市同士でもこのような傾向が出るとはあまり考えていませんでした。

この差が分かるまでしばらくの時間がかかりましたが、お茶の好みは似たような都市同士でも土地柄で違ってくるのだと痛感させてもらいました。また同時に、中国の広大さもあらためて実感したよい出来事だったと思います。

6章

中国に対する誤解

進化し続ける中国

　ぼくがこの仕事を始めたころのことです。都市部には銀行が備わっていて入出金も簡単でしたが、地方にはまだまだ不足していて、特に茶農家がある原産地の周辺にはまったく存在していない状況でした。

　ですから買い付けるところまでは良かったのですが、肝心のお金の振り込みができないということも多かったです。当時の茶農家との取引は現金主義。銀行が無いので茶農家は口座スラ持っていません。さぁ、これから買い付けにいくぞ！　という時には銀行に寄ってたっぷり現金を下ろします。それを身ひとつで持って歩くのはちょっと怖いぐらいの金額ですが、止むを得ません。

　そういう状況ですから、原産地へ向かうのも一苦労でした。高速鉄道網がなかった頃は、1日に1、2本のバスしか移動手段がないばかりではなく、場所によっては何ヶ所か中規模の街を経由してからでないと到着できないようなところもあり、時間も相当かかりました。

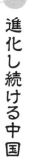

今でこそ、数時間で行けるところも、昔は丸1日、あるいは2日がかりということが多かったです。特に2015年頃から、中国では高速鉄道だけでなく、高速道路もものすごい勢いで整備されています。まだまだインフラ整備は続くでしょうし、ますます遠くへ早く到着することができるでしょう。

日本で報道される中国は、公害や渋滞、それにバイクや自転車ばかりの街並みといったイメージですが、実際の街は鉄道も銀行も充実していて、買い物も電子マネーを利用した電子決済ばかりです。地方の街並みもがらりと変わり、都会にいるのと変わりませんし、原産地の茶農家も銀行を使って資産を管理しています。

ある意味、日本よりも中国のほうが便利な社会に育っている気さえします。このままいけば、日本は中国に勝てるところがなくなるかも知れません。今のうちにみなさんもこの状況を見て、中国をよく理解されるとよいと思います。

お茶文化も急速な成長

小さい茶器を使って小さな湯飲みでお茶を飲む。中国映画などでよく見る風景ですが、これは「工夫茶（ゴンフゥチャ）」といいます。ここ最近は茶藝の復活などもあり、お茶の飲み方も増えましたが、以前はこの工夫茶で飲むか、ガラスのコップにお茶の葉を一つまみ入れて、お湯を注ぐという方法ぐらいしかなかったのです。

しかし、ここ数年は茶藝とは別にある現象が起きています。２０１９年のお茶界に起こった大きな出来事といえば「タピオカミルクティー」の世界的な大流行でしょう。タピオカをたっぷり入れたカップに、ちょっと甘めで風味が強いミルクティーを注ぎます。タピオカ特有ののどをくすぐるような食感と、エスプレッソ風の味わいがクセになり、特に若者を刺激しました。

日本でも街角にはタピオカドリンクの店が次々と出来上がり、若者は列をなして買い求めます。そして、それを飲んでいる様子をスマートフォンで撮影して、ＳＮＳに投稿するのです。この一連の流れはまるで決まりごとのように世界中へ伝播し、新しい物好きの中国人もさっそく飛びつきました。中国でも若い世代の人気飲料になり、お茶の消費量もうなぎのぼりです。私のお店もタピオカミルクティーに合ったお茶を開発して販売していますが、おかげさまで大忙しです。

こうしたお茶の新しい飲み方とともに、日本の抹茶アイスのような感覚で、中国茶を使ったケーキやクッキーが少しずつ増えています。日本ではお茶風味のデザートはたくさん選りましたが、中国でも烏龍茶やプーアル茶のアイスクリームが人気ですから、同じ道をたどりつつあると思っていただければイメージしやすいと思います。

中国に長く住んでいてこの状況を見ると、お茶文化が多様化してきたことを肌で痛感します。若い世代がどのような形にせよ、お茶に興味を持つようになりました。これからもどんどんお茶の世界は多様化を続けていくと思います。

収入がもたらした生活の質

昔の中国は「世界の工場」といわれるぐらい、労働力が安く買える国でした。所得も、最低賃金も低かった時代があったのですが、近年の著しい経済成長によってがらりと様相が変わりました。

労働者の賃金はどんどん上がり、ＧＤＰが世界でもトップクラスになったのはつい最近のことです。実際には物価も比例して上がるので、生活が楽になったという感覚はあまりないですが、それでも昔と比べれば欲しいものがすぐに買えるようになり、貯蓄を増やす人も増え続けていることは確かです。

土地、建物などの不動産はいまだに上がり続けています。これらを仕事として扱っている人はとてつもないお金持ちになっています。この業界に引っ張られるように、あらゆるビジネスが好調で、富裕層も多くなりましたが、それ以上にちょっと裕福な中流層が大勢います。こんなところも日本の歩みと似てきましたが、かつて中国人がお金を持っていなかったころは、「こっちのほうが一元安いぞ！」と買い物を安く済まそうとやっきになっていましたが、最近では多少高くても良いものを選ぶようになりました。

そんな中でも日本製品はとても人気で、家電製品などは中国の同等品と比べて、1・5倍から2倍はするのに、みなが奪い合うようにこちらを選んでいます。日本製品を好むのは若い世代に多く、彼らは自分たちの給料がある程度自由に使えて、不足するようであれば、親に言えばもらえるという恵まれた人たちです。そんな彼らでも物の価値を価格ではなく、内容で見るようになってきているのは大きな変化だと思います。

安いものを衝動的に買うというものから、本当に必要なものの中から高品質なものを買う、に変わってきているのだと思います。これには買い物のスタイルに以前は無かったインターネットが入ってきていることもあるのでしょう。インターネット通販はサイトを何種類か見て回れば、どこにどんな商品があって、それが幾らなのかすぐに比較できますし、類似製品も見つけやすいです。これがライフスタイルに加わることで、すべての人が正しいものを見る目が見についているのだと思います。これは日本人も同じかも知れませんが、中国人も爆買いだけが特長の民族ではなくなりつつあることの証明だと感じています。

偏見で生まれる大きなミス

ぼくの仕事先であったり、知り合いの経営者の方に頼まれたり、様々な形で日本でビジネスをしている方と接点を持つ機会があります。日本の方々が中国の社会に触れて口を揃えるのは「現金をまったく使わないんだね」という印象です。

中国はキャッシュレス化が発達していて、買い物はほとんど電子決済です。デリバリーもすごく好きなのですが、これも事前に電子決済していて、消費者は食事が届くのを待つだけでよいようになっています。現金を触るのは子供たちにお年玉をあげるときぐらいじゃないかと思えるぐらい、普段はお金を持ち歩きません。

キャッシュレス社会はほんの一例で、中国は常にトライを続けていて、もっと便利な社会になるよう、常に進化を続けています。

例えば、中国人には身分証が与えられますが、以前は顔写真が貼られていて、番号や名前、生年月日などが書かれていました。これが近年ではＩＣチップが封入されたカードに変わり、高速鉄道の旅券などもこのＩＣで購入できます。以前はＩＣカードを窓口で提示して紙の旅券を受け取っていましたが、今ではそれさえ不要で、身分証を機械にタッチすれば列車の自分の席までノンストップで進めます。

最近になると、ＩＣカードの身分証を持ち歩くのをやめ、スマートフォンのＩＣチップに同じ情報を持たせることで同じことができるようになっています。ＩＣカードは忘れる人がたまにいますが、スマートフォンは忘れないので、いつでも自分の情報を自然な形で持ち歩けるようになっています。

さらに中国では2019年に大きな発表がありました。高速鉄道に乗るのに必要だったICカードに加えて、顔認証を導入するというのです。この発表後すぐに試験運用がされていて、たぶん近い将来は手ぶらでも鉄道に乗れる時代が来るのだと思います。この行動力は中国でないとできないことですから、改めて驚いてしまいます。

鉄道の世界だけでなく、サービス業でも進化が続いています。先ほど中国人が大好きだといいましたが、デリバリーもそうですね。かつては店舗ごとに専属の配達員を抱えていましたが、今はデリバリー専用の業者がいます。そこにはドライバーがたくさんいて、仕事を争うようになります。たくさん仕事をもらうには良いサービスと迅速な手配をしなくてはいけませんから、サービス品質も向上します。現在はどんな注文でも、大抵は30分以内に持ってきてもらえます。また、デリバリーに関しては買い物サービスも盛んです。スマートフォンであれとあれをカートの中に入れ、決済を済ませれば、すぐに届けてくれるので、最近では買い物に行く機会が少ないです。

このほか、アパレルのネット通販での返品サービスなど、日本と同じサービスが中国でも普通に浸透しています。これからもますます進化していくと思いますから、近い将来はどうなってしまうのか、考えるとドキドキしますね。

先ほどお話した日本の経営者の方曰く、中国人はいまだに自転車で通勤していると思っていたそうです。毎日中国で暮らしているぼくからすれば、それはいつの時代ですか？と言いたくなりますが、今の姿がきちんと伝わっていないのでしょう。中国はここ10年で大きな進歩を遂げましたが、日本は10年前とほぼ変わっていません。日本のみなさんは、10年前の中国を見ているのだと思います。ぜひ一度いらしてください。日本と肩を並べる先進国の姿がここにはあるのです。

安心・安全の意識は日本よりも高い

中国には数多くの高級スーパーマーケットがあります。特に上海に集中していますが、日本でいう成城石井やクイーンズ伊勢丹のようなハイランクのものばかりを扱うスーパーです。

日本でもそういうスーパーで買い物をするのは富裕層の人ですが、中国でも同じです。

中国の富裕層は輸入品なども好きなのですが、有機栽培された野菜への興味がとても強いのです。オーガニック野菜というものですが、どんなに高値でもみなそれを買います。ですから、食費に掛ける出費の割合は間違いなく日本人よりも高いです。中国の青空市場は日本よりも断然安いですが、高級スーパーに限っては日本の2倍、3倍は当たり前になっています。

オーガニック野菜に興味を持つぐらいですから、化学調味料にも神経を使います。お惣菜コーナーにはどんな材料が使われていて、化学調味料の有無も明記されています。

ちょっと前の日本人は「中国の野菜は危険」「食の安全意識が低い」という認識だったと思います。しかし、今の中国は富裕層がリーダーとなり、食への安心安全に対する意識をかつてないほどに高めています。

こうした運動は富裕層が中心となって進めていますが、中流層にも広がりつつあります。もっとも、富裕層といっても一握りの人たちと思われるかも知れませんが、中国人の中の富裕層の割合は日本の総人口と同レベルの人数です。彼らの生活レベルだけで見てみれば、日本はすでに負けているかも知れません。それはともかく、食の安心安全は世界中すべての人々が望んでいることですから、これからもこだわっていきたいですね。

7章

日本、世界へ中国茶を輸出する

パートナーとのコミュニケーション

ぼくは中国をベースにビジネスをしていますから、日本や、イギリス、ヨーロッパ諸国とのビジネスは国際間取引になります。つまり、パートナーからこんなお茶が欲しいと依頼され、それを卸すのですがその相手はクライアントが用意したバイヤーになります。

バイヤーのぼくが、バイヤーに卸すのですから、ちょっと話がややこしいのはすぐに想像がつくと思います。本来、クライアントが求めているお茶をご提供したいのですが、パートナーにしても、バイヤーにしても、また聞きになってしまうので、人の間を何段階か経た情報しか手に入らないのです。

クライアントが求めるお茶の微妙なところが伝わってこないので、人を介すごとに国際間取引は難易度が高くなります。ぼくの場合、信頼できるパートナーが仕事を依頼してくるので、なんとかお願いしてなるべく正確な情報をいただくようにしています。ですから、パートナーとのコミュニケーションはとても大事で、彼らと話をしながらクライアントが欲しがるものを提供することに尽力しています。

ぼくらはこのようなお茶が欲しいと受け取ったけど、実際はどうなのか？　もっと発酵が強い方が良い？　それとも香り？　と、少ない情報を分析しています。これは大変頭を使う仕事ですが、ぴったりはまったときの達成感は得難いものがあります。理解していただくのは難しいですが、これからもずっとチャレンジしていきたいビジネスです。

海外では原料色が強い

中国も広いですが、世界はもっと広いです。あらゆる農産物の消費量が多い中国ですが、じつはたくさんの緑茶をヨーロッパへ輸出しているのです。

世界中の緑茶はドイツに集められます。彼らはそれに香料をつけて、オリジナルのお茶を作ります。レモングラスが入ったグリーンティーや、アップル入りのアップルグリーンティー、ラベンダーで香りづけしたグリーンティーなどを作ったりします。

香りを付けたお茶の代表にアールグレイがありますが、これはベルガモットを使用した お茶です。ドイツやイギリスなどのEU諸国では、自家製のアールグレイを出すカフェがたくさんあり、個性を競い合っています。日本はアールグレイを取り扱っているブランドにこだわりますが、本場ではブランドは重視せず、どのお店でも独自のアールグレイが一番だと楽しんでいるのです。

中国も似たところがあり、どこそこのブランドのお茶がうまい、となることが多いのですが、本場では自家製が好まれるのは面白い対比です。

自家製が好きなお国柄ですが、完成されたお茶ではなく、原料としてのお茶が好まれます。原料ですからコストが掛からないほうが好まれます。ビジネスには不利ですが、何かしらの付加価値をつけて販売するよう努力を続けています。

中国茶が海外で評価されるには

海外マーケットはお茶に対して二つの考え方を持っているようです。一つは先ほども触れた「原料」です。ドライフルーツを加えたり、香料を加えたり、あるいはタピオカミルクティーのように加工されることを前提としたお茶になる元の材料です。

もう一つは本来の「茶葉」です。これは従来通り、淹れ方と味で勝負するビジネスです。何も足さずお茶として飲まれるものですから、正しい知識が必要です。そうなるとぼくらの独壇場です。知識と一緒に商品が提供できるので、とてもやりがいがありますね。おそらく、中国茶が海外でもっと市民権を得ていくには、こちらの道を拓いていくのがよいと感じています。

お茶は売れて終わらないもの

お茶ビジネスは取引が終われば完結するのが基本です。売ったら次のオーダーまでコンタクトも取りません。これはどこの国でも同じようです。

しかし、ぼくはお茶が売れたら終わりとは思っていません。バイヤーに手渡し、お客様に買ってもらい、お茶を美味しく味わっていただく。そのときやすらいだ気持ちになってくれれば、そこでぼくらの仕事は完了できるのだと考えています。

ですから、取引させていただいているバイヤーの方々には、どんなお店に卸して、お客様はどんな反応をしているか伺うようにしています。ちょっとした会話ですが、コミュニケーションのきっかけとしては良好な内容です。話を重ねることで、どんなリクエストがあるとか、味の好みの傾向はどうかといった踏み込んだ情報が引き出せたりもします。その国の人がどんなお茶を求めているか明確にできるので、次回にはもっと良いお茶が提供できるようになります。

末端のお客様にとっては直接ではありませんが、これもぼくなりのアフターサービス、アフターフォローになると信じています。実は中国はこの部分がとても弱く、それが良い悪いはあるにせよ、今まで販売後のサービスに取り組んでいませんでした。

ぼくはそもそもお茶の産地にお邪魔するタイプですから、興味があればどんどんトライを重ねるタイプです。外国であれば、当然どんな食事をしているか、水は？　といろいろと気になるのです。

ですから、ぼくが海外でビジネスして帰ってくると、中国のビジネス仲間は興味津々で聞いてきます。「この国だったらこうですよ。好みはこんなですよ」という話をみんな興味深く聞いています。もっと多くの人が海外の情報を見つけてくれるようになるとよいですね。

原産地のお茶を普及させるこだわり

中国には「外山（ワイシャン）」という言葉があります。これには「偽物」という隠語があって、これの反対の本物は「正山（ジェンシャン）」といいます。原産地で取れた本物のお茶以外に、違う場所でとれたのにその名を騙る商品もあるのです。つまり、それは「外山」です。この両者は味も香りもまったく違います。つまり、これが海外へ流れれば、中国茶の間違った印象が広がることになってしまうのです。

歴史、文化といった側面でみたとき、原産地のお茶はしっかり守らなくてはなりません。そして中国ではそれを実行していて、オリジナルを守るための活動もしています。歴史を継承していくことは世界的に見ても重要なことが、海外ビジネスをしているとよくわかります。国のアイデンティティを守るという意味だけでなく、純粋に良いものを外国の人に知ってもらうというシンプルな思いからも、ここだけは絶対に譲ることができません。

「外山」を扱う業者がいるのは悲しいことです。たかがお茶なんだからいいだろう、そん

豊かな大自然の中にある中国茶の原産地

な気持ちなのかも知れません。しかし、たかがお茶ですが、されどお茶です。飲んでもらったことで中国を理解してくれることにも繋がりますし、ぼくも中国茶のことをもっと世界中の人に知ってもらいたいと思っています。これからも原産地の自然がはぐくんだ「正山」のお茶を世界へ向けて発信し続けていきます。

8章

日本人が４７００年の歴史を紡ぐ

中国茶の魂は産地と技術で創られる

中国茶の原産地は豊かな自然の中にあります。例えば、「岩茶」の産地である福建省武夷山脈は切り立った山々とやがては閩江へと育つ川が幻想的な渓谷をつくり、雄大かつ繊細な景色を見せてくれます。古くは「武夷仙境」などと呼ばれ、中国人としても生涯に一度は訪れてみたい場所としてその名を馳せていました。１９９９年、この地は世界遺産に登録され、国家重点自然保護区に指定。世界中の注目を集めることになりました。

ほかの原産地もここに負けず劣らず、すばらしい自然に囲まれた地域ばかりです。そんな豊かな環境と、知識と技術力に長けた人たちが作るお茶ですから、その品質の高さは言うまでもありません。

お茶の葉は、ただの葉っぱですが、それがお茶になるまでの工程はとても繊細で、お茶への理解が無い人がおいしいく作るということができない世界です。実は中国でも日本と同じく後継者問題が起きていて、次世代を担う茶師の数は減少しています。現在、働き盛りの茶師は50代ぐらいの方が多いのですが、彼らがもっと高齢になったらどうなるか。お

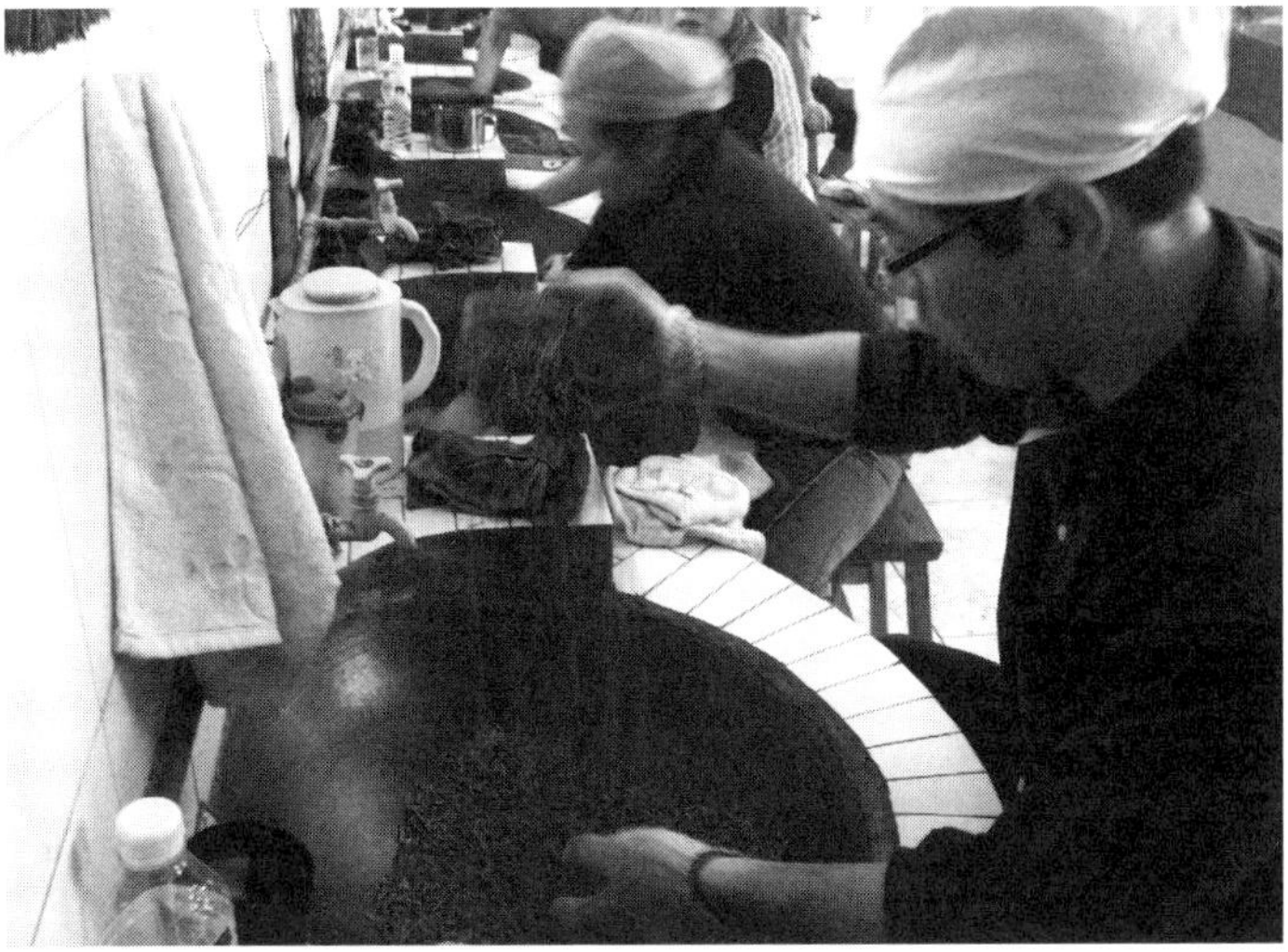

お茶を煎る工程にも熟達した技が必要

茶業界は一つの課題を抱えているのです。

　そして最近ではこの問題と同じぐらいバイヤーの質も問われ始めています。なぜかというと、バイヤーのほとんどがお茶づくりの工程を知らず、どうやって作るかを知らない人が多いのです。

「ちょっと煎ってもめばいいんでしょ？」

と、多くのバイヤーは考えているらしいのですが、その一つひとつのプロセスには微調整がたくさん入っています。少しの差が味に大きく影響することもあります。

　例えば、雨が降ってしまうとお茶の葉の水分含有量が増えて乾燥させなくてはなりません。いつもより労力と技術力が必要な作業をしなくてはいけませんが、出来上がったお茶しか見ない人にはその価値が分かりません。優れたバイヤーはお茶の味わいから、どのような工程を経てきたかイメージすることができます。さらに高度な技術を身に着けたバイヤーなら、どの工程で香りが強まったのか言い当てることができるほどです。

高い技術力を持ったバイヤーは茶農家の苦労や技術力を見抜きます。ですから、協力してよいお茶を作っていくことができます。茶農家や茶師もよきアドバイザーとして、そしてビジネスパートナーとしてバイヤーを迎え入れますから、良好な関係を築くことができます。

この相乗効果は最終的にお茶を届ける先にいるお客様の笑顔となって完結します。この良好な関係を永久に続けるためには、バイヤーも茶農家も茶師も、技術や伝統を継承していく必要があります。お客様もそのような匠の精神を感じながらお茶が飲めれば、今よりも味わい深くなると思います。

今までは「お茶」にだけ注目が集まるのが当たり前でした。でもこれからは、生産者である茶農家、加工者である茶師、それらを見極めて仲買をするバイヤー、この3つが注目を浴びることで、彼らを目指す若者が出てきたり、お客様の意識が変わったりするのだと思います。

これからの中国はもっとお茶業界全体を盛り上げれる土壌が作れるように変わっていって欲しいと思っています。日本でスーパーの野菜売り場を見ると、そこには生産者の顔写真が貼ってあり、いついつに作りましたと但し書きがしてあります。お客様はそれを見ながら、こんな人が作ってくれているからおいしい野菜が食べられると再確認しているはずです。その思いはめぐり巡って、生産者にも必ず届きます。生産者のモチベーションも上がりますし、どうしたらこんなにおいしい野菜が作れるのか、彼らの元へ訪れる若者もいるかも知れません。

中国も消費社会から脱却し、茶農家も、茶師も、バイヤーも日の当たる場所へ出る時期かも知れません。日本でも生産者の顔写真が載ったからといって、後継者問題が解決しているわけではありませんが、その最初の一歩になっている可能性はあります。これから、少しずつでもみんなが認め合うものづくりを目指していければ、問題解決への糸口は必ず見つかると確信しています。

思いや志を相手に伝えるまで止まらない

ぼくは中国中のお茶の原産地に出向いて、茶農家の方々と一緒にお茶づくりをしています。なぜ、そんなことをしているかというと、一緒になって汗を流すことで、相手にリスペクトしていることが伝わると信じているからです。

純粋にお茶づくりを通じて様々なことを学ぶことができれば、もっとお茶を理解できるようになると思っています。もちろん、農業は素人ですから、教えてもらわなければわかりません。でも、それを学んでこういう世界を作りたいんだという思いは伝わるはずです。ですから、茶農家や茶師とは作業の合間によくお話をします。お世話になる上役の人らを師匠と呼びますが、彼らもぼくとのコミュニケーションを通じて、「あぁ、やつはこういうことがしたいのか」と理解してくれています。

ぼくのお店に来てくれるお客様、ぼくがお茶を届けている日本、ヨーロッパのお客様。どのような国のお客様がどんなお茶を飲んでいて、みんなが笑顔になってくれていること、これから作っていきたいお茶の世界のこと…茶農家と茶師の方々と共有したい話題は尽きることがありません。

お茶づくりも近代化が進み、収穫などでは機械を使うようになりました。これからもこの流れは続くでしょうし、やはり便利なものは取り入れたほうが楽になるのは確かです。しかし、それでも普遍のものは存在していて、それを知るには中途半端ではダメだとぼくはいつも思っています。中途半端では本質を理解できませんし、本気の人を満足させることは絶対にできません。

ぼくは日本人ですが、命をかけて中国茶を知りたいと思っているんだという本気の思いを伝えるようにしています。茶農家や茶師の方々が本気でお茶づくりをした結晶をぼくらは扱っています。おいしいお茶を飲むと心が落ち着きますが、それは彼らの思いが詰まっているからかも知れません。

本気で取り組んでいるからこそできる至上の味わいの秘密を知るため、ぼくは彼らと一緒にお茶づくりを続けます。そして最高のお茶をお届けして、みなさんがもっと笑顔になってくれればそれが一番の報酬になると思っています。

お茶より白酒でベロベロ

茶農家の方々が暮らす地域は豊かな自然が身近にあるのですが、逆にいうと娯楽がとても少ない地域ということにもなります。もちろん、お店はありませんし、カラオケや居酒屋なんて影も形も見当たりません。

そんな彼らの娯楽はお酒を飲むことです。しかし、奥さんが厳しい家庭だと、毎日は飲ませてもらえません。ですから、ぼくのようなゲストが来たときはここぞとばかりにおもてなしをしようとします。

まぁ、体よくお酒を飲む口実に使われているだけなのですが、それを受け入れることで旦那さんがお酒を飲めるのであれば、それも良いかなと思っています。そしてその席で飲むのは中国でもトップクラスに強い「白酒（バイジョウ）」と呼ばれるお酒です。50度を超えるアルコール度数の種類もある白酒を小さな杯に注ぎ、「乾杯（ガンベイ）！」と気合を入れて一口で飲みこみます。これを延々と繰り返すのですから、中国人はとてもお酒に強いです。そんなお酒ですから、すぐに酔います。そして酔うとみんなよくしゃべります。

実際にお酒の場でコミュニケーションがよく取れるというのは日本でもあると思います。それは中国の地方都市でも同じです。もしかしたら、お酒を飲むと話をしたくなるのは人間が持っている本能なのかも知れませんね。

それはともかく、お酒の場が始まるとみんな笑顔になります。とくに奥様が厳しいご家庭で飲むときは、旦那さんを称えます。お茶づくりにかけてはすごい人ばかりですから、お世辞抜きに素晴らしいと話すと機嫌がよくなり、旦那さんは奥さんのおかげだと言い始めます。すると奥さんも機嫌が良くなって、その場の雰囲気がとてもよくなるのです。

お世辞のときが無いといえばうそになりますが、ともかく褒められれて嫌がる人はそんなにいませんから、その場が和むのであれば進んで雰囲気づくりをしています。

雰囲気が良くなればあとの会話はスムーズです。お茶のこと、山のこと、お茶畑のこと、あらゆる会話を重ねます。そもそも、お酒の席を共にするというのは、それまでの人間関係が良好だったということだと思います。実際に最初は振り向きもされたなかった人と、現在では肩を組んで飲んでいますが、それまでに掛かった時間は長くかかった人もいました。

茶農家、茶工場の人々と飲み交わすひとときも大切な時間

でも、一度杯を酌み交わせば、そんなことは過去のことです。一緒にいる時間が単純に楽しくて、ついつい深酒をしてしまうこともあります。翌日は日の出前に起きなくてはいけないのに、キツイ体を引きずってお茶摘みを手伝い、また製茶作業を終えた夜からは飲む。繁忙期の夜は、お茶よりもお酒でベロベロです。

日本ではお酒を飲みながらコミュニケーションを深めることを「飲みにケーション」などと言っていましたが、ここ最近は全然やらなくなりました。中国も同じで、茶農家の息子さんたちはあんまり飲もうとしません。お酒を飲むときも白酒ではなくワインです。「乾杯！」「乾杯！」の声もありません。中国の時代も変わりつつあるんだなと思う今日この頃です。

顧客や時代が欲しているモノを形に

以前はまったく考えられなかったことですが、ぼくが茶農家の方々とお付き合いするようになってから、市場に合わせたお茶を作ろうという意識が高まっているのを感じています。おそらく、良好な人間関係が無いとできないことでしょうが、顧客が欲している味や、流行しているもの、そういった要素を少しだけ取り入れることでお茶づくりが進化し始めているのです。

市場には昔ながらの伝統のお茶を取り扱っている人が数多くいますから、彼らからすると驚くような変化だと思います。とはいえ、ガラリとお茶の性格を変えているわけではなく、本当に分かるかわからないかというぎりぎりのエッセンスを加えているだけです。

しかし、その効果は素晴らしく、ぼくのお客さんにはとても販売しやすい結果に繋がっています。ある意味市場に合わせてもらったオリジナルの商品という立ち位置になりますが、これは本当にその茶農家と茶師でないと作れない感覚です。ですから、開発したオリジナル商品が続く限り、一生のお付き合いになると思っています。

バイヤーはお茶を仕入れたらお付き合いもそれまでで、次に会うのは翌年の新茶の季節というのがこれまでの通例でしたから、これは異様な光景だと思います。全国の茶農家巡りをしているバイヤーでさえ、茶農家と茶師とバイヤーが共同でオリジナル商品を作るという光景は見たことがないはずです。ぼくと一緒に歩んでくれる茶農家の方々のため、もっと安心して取引ができるよう、契約のシステムや報酬などを充実させていきたいですね。

中国130店舗で販売できるブランドに成長

ぼくのお店で出しているオリジナル商品はまったく無名のブランドから立ち上げたものです。すべてにおいてマイナスからのスタートでしたから、どこへいっても相手にされず、冷たい反応で、卸先のスーパーマーケットのバイヤーと会うこともできませんでした。

中国はコネ社会といわれていますが、それはまさしく本当のことです。何かしらのコネがないと、決定権を持つバイヤーに会えませんし、仮にコネがあってもバイヤーが興味を抱かなければ簡単に拒否される世界なのです。

そんな中、ぼくたちは苦しみながら販路を開拓してきましたが、商品のパッケージへの表記の厳しさはこれまで体験したことがないものでした。

実は中国にはパッケージの表記ミスを狙う専業のクレーマーが大勢いるのです。彼らはスーパーへ行き、商品を眺めて表記の穴を見つけようとします。これは法律に則っていない。これは文字を打ち間違えている。正直な話、それがあったとしても一般消費者は気づかないか、気づいてもまったく気にしないかというレベルのミスを突いてくるのです。

表記ミスを見つけると、彼らはそれをまとまった量で買います。例えば数百円の品物でも1万円分、あるいはそれ以上を買うこともあります。つまり、持ち金で在庫があるだけ買うのです。

それはなぜか？　中国では損害賠償に決まりがあって、被害金額の10倍まで請求するのは合法とされるからです。つまり、1万円の買い物をして、そこに表記ミスがあれば、スーパーに対して、その損害賠償として10万円の被害金を請求してきます。

中国にそれを専業としているクレーマーがいるのは、どんな大企業で完璧に表記ミスをなくそうとしても、実際には完璧なものは作れないからです。人間はミスをする生き物ですし、度重なるチェックを経ても発見されない誤表記も存在します。

ですから、スーパーとしては専業クレーマーが訴えてくるのはどうしようもないことと受け取っていて、問題とされているのはその後の対応なのです。

通常のビジネスとは別に問題が起こったときに試されるのは、解決までの手段と速度です。脅しにきても取り合わないサプライヤーもいますが、そうなるとさらに彼らの思うつぼになります。クレーマーは地区の市場監督局にメッセージを送ります。ここは国の組織ですから、そこからの通達は無視できません。市場監督局が確かに表記ミスを確認すればスーパーとバイヤーに対応を求めます。ここまで進めば、クレーマーが獲りはぐれることはありません。両者のどちらからかはわかりませんが、ほとんどの場合、買った額の10倍のお金を手に入れることができるのです。

クレームを入れられた会社は逃げることがあるので、市場監督局は基本的にスーパーに対応を求めます。スーパーも会社に話しますが、あまりに対応が遅いとペナルティーが課せられるので、早く解決できるところは優秀だと褒められることもあるぐらいです。

実際にぼくらも何回かやられています。「ミスを見つけてくれてありがとうございます」

と誠意を見せて賠償金を払うのです。スピード解決が喜ばれるのですから、これは仕方がありません。

現在、130店舗でぼくたちの商品が並んでいますが、それはこうしたトラブル解決を迅速にしてきたことも大きく影響しています。クレーマー対策などは、それまでの日本向け、海外向けの仕事では無かったことなので困惑しましたが、中国国内でも販路を拡大したいと決めたので、この問題にも立ち向かっていかなくてはなりません。そのためには信頼関係が第一であり、社会的信用が必要です。それにぼくは日本人です。中国人からみて、日本人は約束を守る人種という概念があるのでその良いイメージは絶対に崩したくありません。ですから、毎日の活動を通じて信頼を勝ち取り、約束を守り、そして新たな価値を提供できる存在になりたいといつも思っています。

新しい価値という中では、ティーバッグがあります。中国でティーバッグといえば、安いお茶の代名詞みたいなものです。ぼくも茶葉を売っていた頃は、あまりよい印象は持っていませんでした。

「逆に最高級の茶葉が入ったティーバッグを売ったらどうなるのだろう？」と思い、商品開発を進めました。何人かに飲んでもらうと、「このお茶すごくおいしいな！」と評判はまずまずです。最初は「ふん、ティーバッグのお茶なんて…」とみていた人でさえ、一口飲むとたんに笑顔になりました。

その姿を見て、これはぼくらが提供できる新しい価値だと確信しました。茶葉だけでなく、お茶にそれほど興味がない一般の人でもティーバッグなら手に取りやすいのです。どんなに素晴らしいお茶があっても飲んでもらわないことには、何も伝えることができません。ですから、ティーバッグを通じて中国茶のすばらしさを再認識してもらうことも、社会的な意義が大きいのではないかと考えています。

このティーバッグに高級茶葉を入れるというアイデアは、市場にうまくはまってくれました。とりわけ、20代、30代の女性によく選んでいただいています。実際に百貨店やスーパーでは若い女性によくアピールできています。ですから、販路を広げるときの商品プレゼンでもターゲットが絞りやすいので評価が高いです。この販売方法は一つの例ですが、今後もこれと同様に新しい価値を考えながら、様々な商品を市場に投入していきたいですね。

卸業務はプロがプロを見極める真剣勝負

仕入れ作業はどのお茶業者もしているのですが、その作業は一般的な仕入とは違って、中国茶はたくさんの選択肢があります。一つのお茶には代表的な産地というのがあります。その中でも茶農家が変われば、取り扱うお茶も変わります。最終的にどの茶農家にするのか、その後どの等級を取り扱うのかを理解できていないと仕入れることはできません。

事前のリサーチをしっかりと取ることも当然大切ですが、産地の中でも原産地とされているものが一番核となり、そこで獲れる茶葉の等級なども知らないと良いものを仕入れることはできません。

お茶の良い悪いが見極められないと仕入れは難しくなります。ぼくらは基本的にお茶の良さを評価するのではなく、マイナス要素を挙げて評価していきます。お茶の製造プロセスを知ることで、与えられたお茶がどんな点で悪かったのか、どのプロセスで間違えたのか指摘できなければなりません。

ぼくたちは卸業をする際には相手先はお茶屋さんになります。ですから、端から見れば、お茶屋がお茶屋に卸すようなイメージになります。

その場合、取引先がどれぐらいお茶を知っているかというのも大切になってきます。同時にぼくらが持っているお茶の産地の仕入れ先について知っていただく必要があるとぼくは思っています。プロとプロが仕事をするのですから、まさに本気の勝負をしているのです。

これは産地からお茶を運ぶときも同じです。お茶の価値を変えず、味わい香りなどが劣化しない保存状態で卸すよう、毎回ベストを尽くしています。美味しいお茶を卸すことは、バトンを渡すのと同じです。その先にはお客様がいらっしゃいますから、その方々にベストなものをお届けしたい気持ちはとても強く持っています。

ぼくたち今は契約農家と取引をさせていただいてますが、その契約は難しく、一定の仕入れ量がないと成立しないのです。さらにその中でどんな等級のお茶を買い取るか難しい判断をしなくてはなりません。

ところがほかのバイヤーは一つの取引先から選べるのはせいぜい、1、2点。ですから彼らは卸すことができるお茶の選択肢はほぼないのと同じなのです。それと比較してぼくらが仕入れることができる等級の幅は広いのです。バイヤーやお茶屋さんが抱えているお客様の好みに合わせて仕入れをすることができます。

このような状態にするまで長い時間がかかりましたし、全国の茶農家とコミュニケーションを重ねてきました。信頼していただくことでようやく実現するようになりましたが、その水面下での苦労は本書をお読みのみなさまならご理解いただけると思います。

お茶のプロであるぼくたちが、同じくお茶のプロであるお茶屋に茶葉を卸し、それをお客様に買っていただき幸せになっていただく。お客様にとって、美味しいお茶の選択肢は幅広い方が良いに決まっていますから、今後も様々な茶葉を取り扱えるように努力を続けていくつもりです。

9章

だからぼくは諦めない

茶農家が魂を込めた茶葉だから

お茶は毎年同じ時期に同じお茶の樹から摘みますが、それは先祖代々受け継がれてきたものです。お茶の樹も、土地も、土の中に住む虫でさえ、過去からの贈り物なのです。この受け継がれてきた文化があるからこそ、現在もおいしいお茶が作れるのです。

この伝統は張り詰めた一本の糸のようだと思うことがあります。そして一度切れてしまえば、それを修復することはとても困難なのです。

中国は歴史も古く、代々全土を揺るがす出来事がたくさんありました。その中でも比較的近年におこった「文化大革命」はお茶の世界にとって、とても大きな変化でした。なぜなら、この運動により、「茶藝」の技術や伝統の多くは失われたのです。

以前行われていたであろう、茶藝を演じる「表演」や、茶藝がおこなわれる際の机や茶器などの並べ方も明確に残っているものはありません。近年になって、学者や茶藝を伝聞で知り何とか残そうとしていた先生たちが、試行錯誤を重ねて「こうだったようだ」「こうかもしれない」というところまで積み上げたものが、現在の「茶藝」の真実の姿なので

中国茶藝は子供や外国人でも楽しめる

す。一応、復刻版とされていますが、ぼくの感覚では完璧に戻せたとはいえないと思っています。
　これこそ、伝統が一度途切れた結果です。わずかに残った手掛かりだけでは、もはや当時の栄華は取り戻すことはできません。ですから、残したいものがあるならば、その糸を切ってはいけないのです。引っ張り、力を与えて育てることはしても、一方では切れないように細心の注意を払い続ける。この両方のバランスで、伝統と呼ばれるものは紡がれてきたのだと思います。不完全な茶藝ですが、それでもここまで復活させることができました。今度こそ、次世代にバトンを渡せるようにするのはぼくたちの仕事です。

茶藝がその状態ではお茶も、と思われる方もいるかも知れません。しかし、文革のときの影響はそれほどでもなく、お茶づくりは細々と続けていました。ですが、別の意味で中国茶は少し混乱の時代に入っているようです。

かつて、輸出用の茶葉は詳細に等級が分かれていて、13等級とか15等級あったなどと言われています。そして茶農家たちも、この日製茶した茶葉は何等級か理解できていました。

しかし、現在、当時の等級は使われておらず、茶農家も自分たちの茶葉をそれに当てはめる必要がなくなったのです。でも、バイヤーとしては等級があったほうが仕入れ管理が楽ですから、等級という分類をします。ただし、先ほど述べたような理由から、茶農家にとっては義務ではないので、5級のお茶を1級だと言ったり、もっと低い等級のはずなのに高級だと言ったりすることもあります。

つまり、等級がもはや機能していない状態なのです。例えば、自分の店で扱っているお茶はすべて一級品だと思っているお店があるとします。しかし、実際には5段階の中で3級ばかりを渡されていたとしたらどうでしょう？　3等級のお茶を最高のお茶と思っていますし、その味はよく知っています。お店に来る人もそのお茶を最高級だと思って味わいます。しかし、実際にはさらにその上に二つの等級があるのです。それを知らずに3等級で満足するのはとても寂しいです。もっと素晴らしいお茶を知れば、もっと幸せになれるはずなのです。

現在の中国茶はスタンダードが無い状況なのです。そしてそのスタンダードを作るのもぼくらの役目だと思っています。お茶の品質を保証するスタンダードが組みあがれば、それに準拠した正しい取引ができます。高級茶が欲しい人には高級品を。加工用に安いお茶が欲しい人には大量にとれる等級のお茶を。きちんとした適正価格でお茶が取引されれば、先ほど例にしたような悲しい状況は今後起こらなくなるでしょう。

お茶の等級を分けるのは人間ではなく、ＡＩが適任だと考えています。今は夢物語のような話ですが、デジタル処理による客観的な品質ランクが出るのであれば、文句をいうところはないでしょう。意外と近い時期、５年後、10年後にそれが現実的になるのではという期待があります。茶葉鑑定機みたいなものができれば、公平に等級分けができて取引も正常になります。ぼくとしてはそれができるまで、この活動を諦めるつもりはありません。

私欲を考えると大義は果たせない

ぼくは仕事柄、人間国宝の先生や、有名大学の教授などと一緒にお茶や食事の時間を過ごさせてもらうことがあります。道を究めようと日々鍛錬や研究を続けている人たちですから、純粋にそして夢中になって仕事に打ち込んでいる姿やお話をしていると、理想に向かって走っている人の姿はとてもかっこうよく見えますし、自分もそうなりたいと思うようになります。

この気持ちは、本当に多くの方々に知っていただきたくて、次の世代へも、その次の次の世代にも人間としての生き方の理想像として知ってほしい気持ちになります。

茶農家の方は生活を豊かにすることだけを目指して農業をやっているわけではないことは本書でも述べました。もちろん茶農家も金儲けに走ろうとすればそれは可能です。

例えば、お茶の栽培には伝統栽培と現代栽培があります。伝統栽培は有機栽培と似ていて、腐葉土や鶏糞などの自然の肥料を使って土づくりをします。一方の現代栽培は、化学肥料と農薬を使います。前者は虫や病気の被害がときどき起こりますが、後者はほとんど起こらず、収穫も容易です。

しかし、お茶の味わいになると大きく逆転します。伝統栽培で作られたお茶は力強く、香りも心を揺さぶるものです。現代栽培で作られたお茶はそれがとても薄いのです。これは何度試しても同じ結果となりました。ぼくが伝統栽培にこだわる理由の一つでもあるのですが、現代栽培にもよいところはたくさんあります。土を良い状態にもっていくのも楽ですし、何よりも収穫する葉を多くすることが可能な点は、利益に直結するのでとても大きなメリットです。

実際に多くの茶農家は現代栽培を採用しはじめています。伝統栽培にしても品質に影響のない部分でいえば、収穫を機械化することで作業効率を大幅に向上させています。茶農家も体が楽だと喜んでいます。つまり、近代化、機械化の波は避けようもなく、取り入れられる部分は採用すべきなのです。

ただ、伝統栽培で作られたお茶のすばらしさや、それを味わったお客様の笑顔は茶農家に伝えるようにしています。もっと楽に収穫できる方法がある中で、厳しい伝統栽培を続けるのは大変なことです。しかし、そのお茶がみんなに喜ばれることを知っていただくことで、彼らがそれを続けようという思いの原動力の一部になればよいと思っています。

東洋文化を支えてきた茶文化を世界に

ぼくはお茶を淹れることは心を静めることと同じだと考えています。お茶を淹れながら、心を潤す。もちろん口の渇きは潤いますが、その奥にある心まで染み渡るのがお茶のすばらしさだと思っているのです。

ですから、今悩みを抱えていたり、ストレスで疲れがたまっていたりする方にこそお茶を飲んでいただきたいと思っています。お茶には心を健康にする力があるのです。例えば、友人と語り合うとき、おいしいお茶が傍にあれば、それだけでいつもより深い交流ができるはずです。また、おいしいお茶を飲みたい、振舞いたいと願う人もいると思いますが、お茶をきっかけに多くの人と知り合えることも可能です。

現在はSNSがコミュニケーションの中心にあります。対面のコミュニケーションはどんどん減っていますが、SNSでは相手の表情までは見えません。もしかしたら、心のどこかに相手に気が付いて欲しいことがあるかも知れないのに、それが分からないのです。

ぼくは対面のコミュニケーションが好きで、相手の喜怒哀楽を一緒に感じたいと思うタイプの人間です。ですから、人と一緒に過ごす時間はぼくにとってかけがえのないもので、時間が長いほど相手の人間性が良く理解できると感じています。

毎年茶農家へ出向き、一緒に働くのも対面のコミュニケーションが好きだからです。彼らと接し、学んだことを多くの人に伝えたいのです。

そのきっかけは、お酒でもよいですが、あまり酔ってしまうと会話を忘れてしまうこともあるので要注意です。そういう点では、やはりお茶は素晴らしい時間を作ってくれる存在といえます。やがて、お茶のよさを世界中の人が知り、一杯のお茶を囲んでお互いを理解しあえれば、とても素敵な未来が待っていると思えるのです。そんな日が一日でも早く来るよう、活動を続けながら祈る毎日です。

中国が世界に誇れる農作物

「お茶」というのは一枚の葉っぱが織りなす物語です。ただの葉っぱですが、世界中で形をかえ、はるかな過去から愛されてきました。歴史には必ずお茶の存在があり、それは紅茶であったり、緑茶であったり、時代や場所によって様々ですが、そのすばらしさにこれまでも大勢の人々が気付き、伝えてきたのだと思うと胸が熱くなります。

ぼくもその伝道師の仲間入りをしています。これまでも、様々な国の茶師や茶農家が作り方を考え、伝え、時には無くし、そしてまた作り始める。何千年も営まれてきた一枚の葉の物語は、デジタルワールドになりつつある現代社会へと脈々と受け継がれてきました。

これまでも多くの人が素晴らしいお茶のおかげで、気づき、閃き、癒され、最後には幸せになりました。様々な歴史の中を歩いてきたお茶は、結局大勢の人を救ってきたことはあっても、見捨てたことは無いのです。

ぼくは中国でお茶のことを知り、興味を持ち、やがて生涯の仕事にしようと誓いました。そんなぼくを形づくってくれたのは茶農家や茶師の純粋なものづくりへの姿勢や、お客様の笑顔です。これからも学ぶことはやめませんし、中国茶に学び、それを伝える努力を続けます。

女性の方々が輝く社会

ぼくのお客様は女性がほとんどです。お茶のお客様も茶藝学校の生徒さんも含めて98％ぐらいの方が女性です。いろんな方がいらっしゃいますが、とてもスキルが高い方が多いです。女性は一般的なキャリアプランでいうと、結婚という大きな節目があってそれによって人生を左右されているように見受けます。例えば呼び名にしても、最初は自分の両親の苗字ですが、結婚すると旦那さんの姓を名乗るようになります。それからは「●●さんの奥様」となり、子供が生まれれば「●●ちゃんのお母さん」という呼び名も加わります。

呼び名が変わるたびに女性は役を演じることを強いられていると思うのです。それまで第一線で働いていた人たちも、結婚して子供が生まれると一気に社会復帰が難しくなります。働きたくてもフルタイムは無理ですからパートでとトーンダウンしていきます。社会との距離が出来てしまいキャリアアップの積み上げがすごく難しくなっていることが多いのではないでしょうか。

こんな流れの中で、もっと女性が輝くには、自分を認めてもらうことから始めるのが大切だと思っています。女性はとても優秀で、いくつかの仕事を同時にこなせますし、とても器用です。気配りができてホスピタリティに優れ、社会適応能力が高いと感じます。

今、日本には「サロネーゼ」という言葉があります。この言葉は自宅で自身の得意な事を教えるサロンのような活動をされる方達の呼称として広がっていますが、ぼくはそんなサロネーゼの人達の受け皿を作っていきたいと思っています。

実際に今ぼくの学校を卒業して茶藝の先生をしている人たちが260人協会に認定講師として所属しています。彼女たちは様々な活動してやりがいのある人生を送っていらっしゃると思いますが、もっと多くの女性たちが日の当たるべき場所へ行くべきだと思っています。

ぼくは中国側から、そんな思いを持った女性のサポートをしていますし、それがぼくらの社会的役割だと思っています。今後はこれまで以上に女性が活躍する社会が求められるようになるはずです。そのためにぼくらも万全の体制でサポートを続けたいと思っています。

一人では何もできない

中国は何千年という歴史を持つ国です。その悠久の流れの中、様々な文化が生まれ、あるものは継承され、あるものは途絶えました。お茶の世界でも多くのものが失われています。文献に名前が残るだけの茶葉もありますし、茶藝が一度途絶えたのは本書でもお伝えした通りです。

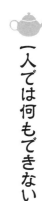

多くの人は、現在の流行や最先端を見てしまうと思いますが、そこへ至る根底となったものの大切さはすべての人が気付くべきだと思います。ぼくは中国茶に関わっていますから、中国のお茶文化を守りたいと思い、活動を続けています。お茶にまつわる文化を客観的に捉え、フラットな目で相手に伝える。正しい情報を発信し続ける努力を重ねています。

しかし、これは一人では絶対に無しえないと思っています。他の人とも手を取り合い、共に成長しながら紡いでいくことがとても大切だと考えます。これは現在のスクールでも伝えていることです。２６０人の先生方、１４００名以上の卒業生、全員が中国茶のすばらしさを学び、普及させ、歴史を紡いでいく仲間です。これからもそんな仲間たちを増やして、中国茶の歴史を守っていきたいと思っています。

終わりに

まず足を運び肌で感じること

日本で育ち、日本で生活をして、日本でビジネスをされている方にとって、海外で仕事をするということに対してどのような感情を持たれるのでしょう。期待、または不安、その両方が入り混じった感覚なのかも知れません。いずれにしても、百聞は一見に如かず。まずはその地へいってみないことには何も始まりません。

いってみてはじめて、景色の美しさや、料理のおいしさ、街並み、暮らしの様子などが分かります。一日、ただぶらぶらと散歩しているだけでも、五感を通して様々なことが伝わってくるはずです。

インターネットやテレビでも簡単に情報は手に入ります。しかし、それらの情報をいくら見ていても、伝える側、作る側の意図が入るので、それは100％正しい情報だとは言えないと思います。ですから、少なくとも自分の目と耳で確かめるまでは、外部の情報だけでその地のことを判断しないほうがよいです。

ぼくは中国の生活がもうすぐ人生の半分ぐらいになります。今では、すっかり中国人の感覚が身についてしまっていて、おそらく判断基準やものの見方は日本人的とは言えなくなっています。これはみなさんも同じだと思います。ほとんどの人は、何回も、何十回もその国へ訪れていると、最初に感じた新鮮な気持ちや驚きの感覚が薄れていくはずです。

ですから、これから海外へ行く方々は、ぜひ最初にその土地へ着いた時の感覚をメモなどに残しておいてください。その時の気持ちは生涯にわたって大切な宝物になるはずです。もし、途中で悩んだときは、それを見返すことによって、初心に戻れると思います。未来へのヒントが色々と見つかるかも知れませんよ。

今ではなく未来にフォーカス出来るか

本編でも触れましたが、私が接してきた日本の方々の中にある中国と、現在の中国のイメージは大きくかけ離れています。これはとても重要なことで、日本で得られる情報だけに頼るのはとても危険で、なるべくその国の現状を知っておくべきだと思います。

中国人はみんな自転車に乗って通勤している。これは日本のニュース映像でも所せまし

と、何百台もの自転車が道路いっぱいに広がって進んでいく様子がよく放映されていました。さすがに現在は見なくなったとは思いますが、そのイメージが強烈に焼き付いている人はいまだに大勢いらっしゃいます。

今の中国は高速道路に高速鉄道、移動は車という日本と変わらないスタイルです。遠い土地にある国ですから、メディアも最新情報をいつでも仕入れているわけではありません。インターネットの登場で、世界中のライブが伝わる時代でも、まだ過去のイメージを見続けている可能性はあるのです。

これは中国へ来られる方だけでなく、あらゆる国に当てはまると思います。正しい判断をしていくには、自分が持っているイメージを最新のものにアップデートしていくことが必要なのです。そして、過去のその国のイメージと現在を線で繋いでみてください。すると必然的に未来がどうなっていくか、よりはっきりと見えてくると思います。

現在の中国は利便性を追求し続けています。毎年、生活がすごく楽になっていくのが分かるぐらいのスピードで、様々なことが変わり続けています。しかし、この利便性がある程度追求できたなというところにくると、また動きが変わるはずです。ぼくはそれを見てみたいし、楽しみにしています。それが楽しめるかどうかは、自分が抱いていたその国のビジョンの行く末を理解しようとできる人だけです。それはそのままビジネスにも直結する大切な判断材料となるはずですから、ぜひみなさんには身に着けていただきたい感覚なのです。

世界に通用する日本人のホスピタリティ

ぼくは長年中国にいて、その視点で日本を見てみると、やはりこの国はとても優秀でほかの外国と比べても国民はみな賢く、とても高い技術力を持っていることが分かります。例えば、日本人には些細なことに気が付けるという繊細なところがありますが、これはほかの国の人にはあまりない感覚です。それは相手への気遣いであったり、譲り合いの精神だったり、いわゆる日本人的な所作へとつながっています。外国の人はそれを見ると美しいと感じるのです。

これの感覚を日本語で表現すると、「気配り」となるとぼくは思っています。自分の気を配ることで、強く相手のことを思いやるこの気持ちを、日本人は誰もがごく自然に行えます。この「気配り」こそ、日本人特有の考え方であり、日本文化そのものでもあり、日本人のホスピタリティの根源にあるものだと考えます。

ホスピタリティが高いのは世界中が認める日本人の素晴らしい特性といえるかも知れません。また、それだけでなく、その国の良いところを感じ、日本人としてそれを理解して高めようとするところまで考えます。物事を柔軟に見つめ、良い部分を吸収して自らの考えと融合する。これもものづくり大国を作りだした日本人ならではの特長ですね。

ただし、残念なことに、日本人はそれを伝えるのがとても苦手です。せっかく、様々な気づきや閃きがあっても、それを相手に伝えることをしないのです。これはとてももったいないことだと思います。

逆に中国人はコミュニケーション能力やプレゼンテーション能力が非常に優れていて、どんどん相手に近寄っていこうとします。日本人は近寄られることを好まないので、この性格はちょっと苦手かも知れません。ですから、中国人と対話をするときには距離感がとても大切になります。相手を思いやりながらも、一定の距離を置く。まぁ、この辺も日本人が得意分野とするところですから、十分に対応できるはずです。

日本人のホスピタリティを十分に発揮し、それをきちんと伝えていければ、海外でも必ずうまくやっていくことができるはずです。

使命・命の使い方

人は一生を使ってやれることには限りがあります。ぼくは中国茶しかやらないと決めました。中国茶を取り扱える仕事が天職だと思っています。しかし、中国茶の世界が広すぎて、一生をかけても半分までたどり着ければ上出来だと思っています。

この話をすると、多くの人たちは一生かけてやりたいことは見つからないといいます。せっかくもらった命が尽きるまでに何かを成し遂げたいと思う気持ち。ぼくはそれを「使命」だと思っていますが、使命とは命の使い方なんだろうなといつも考えています。

これはぼくの会社の社員にも伝えていることですが、命の使い方が大事であること、使命を感じられる人は、人との接し方や歩み寄り方に違いがでるものだと思います。

命は食事をいただいて繋いでいくものです。いただく植物も動物も頑張って生きていました。それをもらっているぼくらは、同じように次の世代への糧となってバトンを渡していくのです。限りある命を使って何を得たのか、最後までに何を渡せるのか、それをじっくりと考えて欲しいのです。

ぼくは中国茶にたくさんのことを教えてもらい、様々な人と知り合いになれました。そこで多くのことを学び、お茶の販売と、お茶の学校の二つの軸で仕事をさせてもらっています。これをどのように次の世代へ渡していけばよいのか。日々それを考えながらビジネスを続けています。

みなさんがこれから命を使って成し遂げようとしていることはきっと素晴らしい未来へと繋がっているのだと思います。自分の使命として、何を得て何を残すのか、大きな目標みたいなものですが、自分らしさを表現することができる礎になるものでもあります。みなさんの豊かな将来のためにも、大切な命を燃やせる何かを見つけて仕事に打ち込んでください。

現在、ぼくらが中国茶を楽しめているのは、何千年と呼ばれる月日の間、命のバトンを育み、それを渡し、受け取ることを繰り返してきた結果です。だから私も命のバトンを育み、次の世代にバトンを託します。そのバトンがより良い物になるために日々少しずつ磨き上げることによって、文化は醸成していくのだと思います。

〝青出于藍而勝于藍〟「青は藍より出でて藍より青し」

中国では良い先生とは、生徒に自分を超えさせることなのだと言われています。全てを相手に伝える事で、その生徒が先生の持つすべてを背負い、磨き上げることが大切なのです。その生徒はきっとまた次の世代へすべてを託すことができる人に成長するでしょう。この連鎖によって、人類は多くの進化や発展をしてきたのだと思います。

先生のいない生徒はいません。たくさんの先生に、何かを教わり、今日があるのです。そしてあなたもきっと誰かの先生になっているはずです。

教える事は教わる事。一日一日を大切に生きながら教わり、多くの人に学んだ事を教えさせて頂く人生を歩んでいきたいと思います。

まだまだ未熟な私ですが、両親が誇れる息子になれるよう、これからも精進し続けます。

いつも側で常に支え続けてくれる妻、満面の笑みでお茶を淹れてくれる娘、いつも優しく支えてくれる協会の認定講師の方々、走り続ける私を支えてくれる社員の方々、デザインを担当して頂いているキッチュチャイナさん、芸術と文化のメンターである華道家の假屋崎省吾先生、上海と横浜の架け橋として活躍される楊文櫻先輩、ぼくの夢を本気で熱く語り合ってくれた２０１４年ドリームプランプレゼンテーション世界大会で知り合った同志の方々、私の大切なメンターである福島正伸先生、様々な中国茶の知識を教えて頂いた教授の方々、自然と向き合う大切さを教えてくれた茶農家の方々、お茶作りの難しさを紐解いてくれた茶師の方々、美味しいと言って中国茶を飲んで頂いているお客様に心からの感謝を伝え、筆を置きたいと思います。

２０１９年夏　大髙勇気

付録

中国で
ビジネスを続ける中で学んだ
社員たちとの接し方

本編ではあまり触れていませんが、ぼくが中国でビジネスを続ける中で、日本人と中国人が運命共同体として共に成長する中で気が付いたことがたくさんあります。ここでは、本書を読んでくれた方にその一部をご紹介しておきたいと思います。これからアジアで活躍される経営者の方々や、すでにご活躍されている方の参考になれば幸いです。

社員はすべて女性、未来の母を育て、人格者の母親に

ぼくが雇っている社員は全て女性です。ぼくから見た女性は多才ですし、同時にいくつかのことを進められる能力を持っている人も多くいるように感じています。ですから、女性は様々な仕事をそつなくこなし、なおかつ複数の業務も同時進行できる、そんな才能があるのだと思います。

こうした特に女性が持っている資質を活かすためには、サービス業が向いていると思います。ですから、お茶の販売はもちろん、茶藝の講師などにも非常に向いていると思います。

逆に男性は一つのことに没頭するのが得意だと思いますが、器用さで女性に勝る人は多くありません。そうした点で、ぼくがしている事業には、女性が最適だと考えているのです。

女性を選ぶもう一つの理由として、未来の母親を育てていきたいという考えがあります。新卒の女性社員を雇用することが多いのですが、ぼくの会社で社会人として基本をしっかりと学んでもらいたいと思っているのです。

中国では即戦力となる人材が好まれますが、ぼくの会社で基本をしっかりマスターすれば、中国社会でも十分対応できる人材になることができます。

ぼくの会社では、社員に宿題を出します。例えば日報、週報、月報、などの報告書類はもちろん、その他にもぼくが課題を出してそれに答えるというものもあります。すべては、社会人としての基礎を覚えてもらうためにしていることで、決してぼくの会社のパーツとして機能する人材を作るという種類のものではありません。仕事に対して自分の力でしっかりと考えることができる人に育って欲しいという思いがそこにはあります。

なぜ、ぼくがそのように考えているかというと、女性は将来結婚して子供を産みます。その子供にとって、最初に接する社会人が母親だからです。その母親が社会人としての資質がなければ、その子供もそのように育ってしまいます。ぼくとしては、お母さんが優秀であれば、必ず優秀な子供を育てられると思っているのです。

女性が元気で頑張っている環境は、とても和みますし、気持ちが良いものです。女性の笑顔というのは、そこに関わる人の元気の種だと思っています。そんな優秀で明るい女性を育てたいと強く思いますし、その女性が将来自分の家庭を持った時に軸となるのも社会貢献だと考えています。理想論ではありますが、いつかそのような実例をたくさん作って、中国社会への、ひいてはアジア全体の社会貢献につながるのだとすれば、とても素敵なことだと思っています。

遠慮があっては心と心で話はできない

ぼくは社員に対して様々な話をしますが、基本的に「遠慮」をすることはありません。話をするときは本気ですし、しっかりとこういう思いで君と話をしていると伝えています。人と本気で接することは、すごく大切だと思いますし、そうしようと思ったら遠慮をしている余裕もありません。

中国でも、日本でも同じですが、厳しい意見を相手に伝えるということがとても少ないように思います。人に指摘されず、人に物を言うこともない、そんな打算的な考え方がスタンダードになっているような気がするのです。

知らない人同士ならそれでも良いと思いますが、一緒に仕事をしていく仲の間柄ではそれはありません。ただし、中国人は日本人以上にメンツを大事にしますから、それを潰さないように、必ず一対一の状況で話をするなどはしています。逆にほめるような内容のときは、みんなの前で対話をしたりします。

ぼくは子供にサッカーを教えていますが、子供にも遠慮はしません。子供とボールを蹴りあって、うまくできなければそれを実演して見せています。そうすることで、子供も怒られながらも、そうやってやれるようになればよいのかとすぐに理解できます。社員にも同じような接し方をしていて、ここは良くない、このミスによって色んなものがマイナスになる等、しっかり伝えるようにしています。

もちろん、そうしたことが言える間柄になるには信頼関係が必要です。ですからぼくは、3ヶ月に1回、全ての社員を面談しています。一対一の環境を作り、そこで毎回ぼくが出した課題に対して自分の考えをプレゼンテーションするのです。例えば「今期に達成したい自分の目標は？」といったポジティブな課題を出すことが多いですが、当然、自分自身で考えなければ回答することはできないようにしています。

社員たちが話す内容について、自分の中で不明確になっていた部分を明確化してあげるコーチングの手法でぼくはいろいろな角度から質問をします。これは、社員たちが何か困難に立ち向かわなければならなくなったときのため、何かの手助けになればいいと思って続けています。いろいろなことを遠慮なく社員にはぶつけますが、それが将来の糧になってくれれば一番うれしいのです。

責任が不明確では人は動けない

何かの業務をチームに任せると最終的に誰が責任者なのか見えにくくなることがあります。例えば、リーダーを先に決め、リーダーがやりやすいようにチームを編成した場合は、後の責任はリーダーが背負います。ところが、リーダーを立てるまでもない小さなプロジェクトは、いついつまでに3名でやってほしい、というとなぜか動きが鈍くなるものなのです。

それが分かってからは、小規模のプロジェクトでも必ず責任者を立てるようにしています。「この担当は必ずあなたがやりなさい。人が必要ならあと2名使ってよいですよ」というように運営を任せるようにしているのです。ぼくの会社にはＩＴに詳しい人もいますし、お茶に詳しい人もいます。薬膳に詳しい専門家もいるので、大抵のことはできるようになっています。すべての社員はいろいろなところからパスが回ってくることを理解しているので、自分が何を求められているのか、その人に何を頼みたいのかを明確に伝えさえすれば仕事が進むようになっています。

もちろん、大きなプロジェクトや企業としての舵取りはぼくの責任で進めますが、責任の所在を明確にするだけで、業務が速やかに進むようになることは確かです。簡単な原理原則だと思いますが、できるようでできないことが多いように感じます。もしプロジェクトの進み具合が遅いと感じるケースがあれば、責任者が明確になっているか確認してみると良いと思います。

毎月一回行う社長報告ビデオを全社員に共有

様々なことを進めながら社長業をしていると、自分が見えないところでプロジェクトが進行するようになります。もちろんフィードバックは受けますが、ぼくが思っていた方向とは違うところへ進んでいることもあります。そういったときは、なるべく具体的な指示を考えて、相手と情報をシェアするようにしています。そうすることで、トップとしての考え方や、プロジェクトの方向性を指し示すことができるのだと思っています。

その方向性を示す一つの方法として、「社長報告ビデオ」を定期的に作って共有するようにしています。

そのビデオでは、商品開発中の茶葉の研究がどれぐらい進んでいるか、売れている商品はこれで、新しく商談を始めた会社との交渉や展開はこうなっているなどを30分ぐらいの長さで報告しています。そしてビデオでは、その内容を踏まえて社員がどのように受け止めるのか宿題を出しています。内容は会社の予算の振り分けから、事業の強みをＰＲするなど様々ですが、すべての社員に経営者目線を持ってもらう目的があります。そのうえで、個々の社員がどのようなビジョンを持っているかとてもよく理解できるようになります。今後も続けたい取り組みの一つですね。

春節にいただく感謝状が生涯の財産

ぼくの会社では春節休みの前に必ずやるある慣習があります。それは2通の感謝状を書いてもらうことです。

一通は大切なご両親に。中国の方達は非常に親思いで日頃から電話をしたり、時間があれば里帰りをしたり親孝行をされる方が非常に多いです。気持ちや考えなどを文字にして大切な両親に渡してもらっています。親元を離れ頑張っている姿をご両親の方々にも知って頂きたい気持ちもあるので、その思いを紙にしたためます。

もう一通は自分が働いている組織の社長に宛てて書きます。就業中、どんな事を学び、どんな事に気付き、どのような変化があったのかという自己成長の内容や、周囲の環境やお客様について、あるいは社長との話で気付いた事などが書かれています。

この感謝状がぼくの元へ社員達から届くのが春節休みの前というわけです。それを読めば、ぼくが一生懸命社員達に伝えたかったことを、きちんと受け取ってくれているかが分かります。上手くいくことばかりではありませんが、この時に貰う感謝状は、ぼくにとって生涯の宝物なのです。

ぼくは会社を運営している中で「中国社会の中で働かせてもらっている」という感覚でビジネスを続けています。社員にも社会で働かせてもらっていると考えるように指導していますし、会社にも社会にも多くの学びを求めて欲しいと伝えています。

当然仕事をしているのですから、お金をもらうことは大切ですし、生きていく上で必要なことです。ただ、お金のためだけではなく、しっかりと会社にいる間に学んで欲しいですし、そのような機会をなるべくたくさん作るようにしています。そして会社で学んだことを社会貢献につなげられるような人になってもらいたいなと思っています。また、今はうちの会社で働いてくれていますが、他の会社に行った時でもしっかりと学んだことをそこでも還元できるぐらい優秀な人になって欲しいのです。

ぼくの会社の社員になってくれる人は、無駄遣いや、環境を悪化させるようなことをせず、何事にも感謝ができる人間になって欲しいと思っています。感謝しないといけないようなことは意外と見つからないと考えがちですが、感謝してみようという気持ちで周囲を見渡すと身近にいくらでもあることに気が付きます。

社長業は教育業でもあると考えています。社員の方の大切な時間を提供して頂いたお返しに、仕事をする中で得られる実力の向上と人として大切な事を学んで頂きたいと思っています。当たり前のことが当たり前でなくなっている社会や環境の中でも、自分の軸を持ち、自分の歩む方向を目指して頂きたい思いで、今後も社員教育を続けていきたいと思っています。

著者プロフィール

大髙勇気（オオタカ・ユウキ）

1981年神奈川県横浜市生まれ。中国茶研究家。
2014年ドリームプランプレゼンテーション世界大会にて共感大賞・受賞。

2002年に中国広州に渡り、04年に起業。中国10ヶ国に中国茶を輸出。中国内の百貨店、高級スーパー、コンビニ等中国250ヶ所にて中国茶の販売を展開。ホテルやレストラン、専門店への卸売並びにコンサルティング、プロデュース業務を行う。中国茶講座受講生累計1500名。認定講師260名。講師が日本にて活躍しやすい環境作りを中国側で行う。頑張る女性に陽が当たるサポート体制を整え、中国茶講師が活躍出来るプラットフォームを構築。行政イベントや講座を通じて中国茶文化の普及に尽力する。

上海大高夢食品有限公司・総経理
オオタカユウキ合同会社・代表社員
一般社団法人　日本中国茶文化交流協会・代表理事

大高勇气茶
OTAKA YUKi TEA

オフィシャルサイト：http://www.otakayuki.asia
オンラインショップ：http://www.otakatea.shop

中国茶に習い、交流から学ぶ
一般社団法人
日本中国茶文化交流協会

オフィシャルサイト：http://www.teacom.org

中国茶の魅力を日本へ！
そして世界へ！

2019年9月30日〔初版第1刷発行〕

著　者　　大高　勇気
発行人　　佐々木　紀行
発行所　　株式会社カナリアコミュニケーションズ
〒141-0031　東京都品川区西五反田6-2-7
ウエストサイド五反田ビル3F
TEL　03-5436-9701　FAX　03-3491-9699
http://www.canaria-book.com

印刷所　　株式会社クリード
装　丁
DTP　　株式会社RUHIA

ISBN 978-4-7782-0458-7　C0034

カナリアコミュニケーションズの書籍ご案内

そのやり方じゃ、中国では売れません！

拝 会 著

中国13億人のマーケットを手に入れろ!!

中国と日本で最も注目を集めるChina Market成功プロデューサーが教える真の中国マーケット攻略法。中国進出の企業必見の１冊！

2012 年 7 月 10 日発刊
1400 円（税別）
ISBN 978-4-7782-0226-2

紅いベンチャー
〜蓮の華 咲くように 明日咲かせたい〜

服部 英彦 著

「日本と中国の架け橋に」実存の中国マーケット成功仕掛人と呼ばれる　拝　会　(Bai Hui)。

彼女の親子三代に渡る真実の物語。

日本と中国を舞台に活躍する女性起業家の半生を追う。

幼い頃から厳しい教育の基に育ち、15歳で大学へ。

そんな彼女でも日本では苦労の連続だった。拝　会　(Bai Hui) が中国マーケットの成功仕掛人と呼ばれるまでの道のりを綴った。

2011 年 8 月 10 日発刊
1400 円（税別）
ISBN 978-4-7782-0193-7

カナリアコミュニケーションズの書籍ご案内

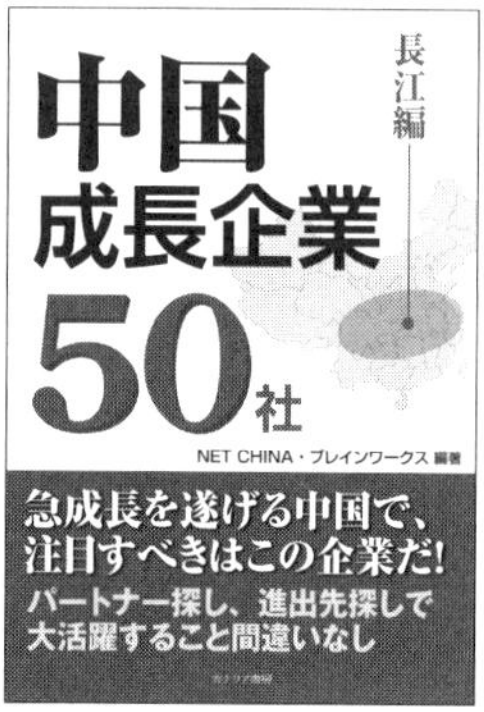

2011年11月20日発刊
1800円（税別）
ISBN 978-4-7782-0207-1

中国成長企業50社
長江編

NET CHINA/
ブレインワークス 著

急成長を遂げる中国で、注目すべきはこの企業だ！大好評の「成長企業シリーズ」中国版に待望の第２弾が登場。
中国へ進出を検討している日本企業はもちろん、パートナー探しにもぴったりの１冊。あらゆる業種の企業を紹介しているので、これを読めば中国経済の今がわかる。

2010年8月15日発刊
1800円（税別）
ISBN 978-4-7782-0152-4

中国成長企業50社
華東編

NET CHINA/
ブレインワークス 著

成長著しい中国のビジネス最前線を一挙公開！中国進出、投資をお考えの人は必読！

日中の架け橋となるNET CHINAとブレインワークスが厳選した、中国の成長企業50社を紹介します。今、日本の企業とビジネスパートナーとなることを切望している中国の成長企業がたくさんあります。日本では飽和状態の市場も、中国という広大な市場では、まだまだチャンスが簡単に見つけることができるのです！
あなたも必ず中国の元気な注目企業の「今」を感じることができるでしょう。